ゼロからわかる
Ruby
超入門

五十嵐邦明、松岡浩平 [著]

技術評論社

ご注意　ご購入・ご利用の前に必ずお読みください。

- 本書に記載された内容は、情報の提供のみを目的としています。本書を用いた運用、サンプルプログラムの利用は、必ずお客様自身の責任と判断によって行ってください。これらの情報の運用・サンプルプログラムの利用の結果について、技術評論社および著者はいかなる責任も負いません。
  なお、サンプルファイルは本書のサポートページからダウンロードすることができます。

  https://gihyo.jp/book/2018/978-4-297-10123-7/support

- 本書の情報は、2018年10月15日現在のものを記載していますので、ご利用時には変更されている場合があります。

- 本書の内容は、以下の環境で動作検証を行いました。下記以外の環境をお使いの場合、操作方法、画面図、プログラムの動作等が本書内の表記と異なる場合があります。あらかじめご了承ください。
  - Windows 10
  - macOS Mojave

  以上の注意事項をご承諾いただいた上で、本書をご利用ください。

※ 本文中に記載されている製品の名称は、関係各社の商標または登録商標です。

Ruby作者まえがき

　まつもとゆきひろと申します。本書で解説されているプログラミング言語Rubyの生みの親です。私が「Rubyを作った人」だとわかると、一番よく尋ねられるのは「どうやってRubyを勉強したらよいですか」という質問です。いい質問ですが、私自身はRubyを「学んだ」ことがないので、この手の質問にはいつも困ってしまいます。仕方がないので、自分も監修として関わっている『たのしいRuby』(SBクリエイティブ)をお勧めすることにしています。それなりに評判も良い上、頻繁に改定もされていますから。でも、本当の初心者にはちょっと難しいとも聞いています。

　そこで本書です。告白すると、初心者の気持ちがわからない私には、本書が「ゼロからわかる」書籍になっているか確信をもって断言するのは困難です。しかし、ふたつのことだけは確実に言えます。ひとつは本書の著者についてです。私と五十嵐さんとの交流はそれなりに長く10年以上になると思うのですが、会社員時代からフリーランスとして活躍しておられる現在まで、大学で、イベントで、コミュニティ活動で、ずっと本当の初心者にRubyを教えてこられていました。経験については文句なしです。もうひとつは、私が本書の原稿を読ませていただいている間、フレッシュな気持ちで「ああ、これは良い言語だな」と感じました。冷静に考えたら、自分で作ったんだから自分の好みに合うのは当たり前で、単なる自画自賛なのですが、作者にまで初心者になったかのように感じさせる語り口はみごとなものだと思います。

　本書がみなさまのゼロからのRuby入門に役立ちますように。また、本書を通じてプログラミングの入り口に立たれた皆さんが、クリエイティブでエキサイティングなプログラミングの世界の冒険で大活躍できますように、お祈りいたします。

2018年10月　まつもとゆきひろ

はじめに

　コンピュータとプログラム技術の発達によって、ときには魔法と見分けがつかないようなさまざまな技術が、世界の幸せと楽しさを増やしています。プログラミング言語は、言わば科学の魔法を唱えるための言語です。

　プログラミング言語Rubyはやりたいことを簡潔に書ける言語であるという特徴があります。言い換えれば、学習の際に余計なことを考える必要がなく、学ぶ内容に集中できるということです。これは初めて学ぶプログラミング言語として最高の特徴と言えます。世界で実際に使われている例も多く、Webサービスを作るときの世界標準となった道具Ruby on Railsと、クックパッドなどのたくさんのRubyで書かれたWebサービスたちが世界で多数稼働しています。
　この本は次の方々へ向けて書かれています。

・プログラミングをこれから始めたい方
・ほかの言語を使ったことがあるが、Rubyは初めての方
・Railsを学んだので、その基礎であるRubyを学びたい方

　この本は、本業であるRubyプログラマーを続けながら、大学の社会学部でプログラミングを初めて学ぶ学生へ向けて講義をした筆者が、その経験をもとに分かりやすく説明し、かつ実用的で役立つ内容を選びました。
　本書ではプログラミングを基礎から学び、問題が起きたときの解決方法を身につけ、分からないことを調べる手段を得ることができます。また、応用としてかんたんなWebアプリづくりやWebへアクセスするプログラムを書くことができるようになります。また、本書のあとにRailsを学びたい方のために、Railsで使う基礎知識は可能な限り多く選んで書いています。

　「プログラマーが楽しく開発できる、プログラマーのための言語を」と、まつもとゆきひろさんが作り始めた言語にRubyと名付けてから25年が経ちました。プログラミングを通じて、あなたが幸せと楽しさを感じてくれたら、筆者として最上の喜びです。

　次の方々にフィードバックをいただきました。深く感謝いたします。

石幡久貴、北村素子、神戸菜緒、島田浩二、立花豊、中村宇作、濱崎健吾、福本江梨奈、野坂秀和、前田智樹、松岡尚美、まつもとゆきひろ、丸野由希、丸山有彗、湊川あい (敬称略)

2018年10月　五十嵐邦明、松岡浩平

本書の読み方

本書の対応バージョン

　本書の内容は執筆時2018年10月15日現在の最新バージョンであるRuby 2.5に対応しています。また、Ruby 2.3以降で変更になった内容については本文で補足しています。

本書の要素

本書では以下のような書式とデザインになっています。

● Rubyプログラム

```
1: order = "カフェラテ"
2: puts order
```

　Rubyのプログラムです。左側の数字は行番号を示します。プログラムは本書のサポートページからダウンロードすることができます。

https://gihyo.jp/book/2018/978-4-297-10123-7/support

● コマンドプロンプト（Macはターミナル）

```
ruby order.rb ⏎
カフェラテ
```

　コマンドプロンプトで実行するコマンドとその結果です。原則として、最初の行に太字で実行するコマンドが書かれ、⏎が Enter キーを押すところを示しています。2行目以降が実行したコマンドが表示した結果です。

● 書式

```
変数 = オブジェクト
```

プログラムの書き方を示します。

● NOTE

［ユーザー名］はマシン上のみなさんのユーザー名になります。

本文を補足する内容です。

● COLUMN

コマンドプロンプトでの便利な機能

理解を深めるための文章です。

● Challenge

 累乗と剰余を計算する Challenge

Challengeには難易度の高い、発展的な内容が書いてあります。分からないときには最初は読み飛ばし、本書を読み終わったあとの2周目でぜひ挑戦してみてください。

● まとめ

- pメソッドは後ろに書いた変数やオブジェクトを表示する
- pメソッドは原則、デバッグの道具として使う

その節で出てきた重要な点がまとめて書かれています。

● 練習問題

各章の最後のページには、練習問題があります。問題を解きながら、内容を理解したかを確認してみましょう。練習問題の解答は、本書の最後にあります。

キーボードレイアウト

　プログラムで使う、普段はあまり使わない文字がキーボードのどこにあるかを図示します。また、本書での読み方を書きます。

● 本書での記号の読み方

記号	読み方
"	ダブルクォーテーション
_	アンダーバー、アンダースコア
[ ]	角括弧
{ }	波括弧
|	パイプ
:	コロン

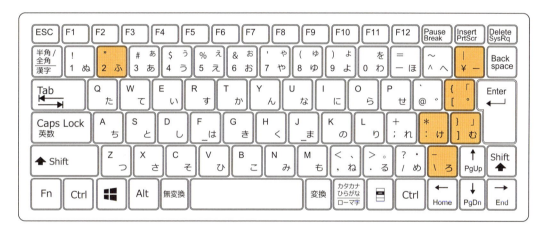

　また、￥と＼（バックスラッシュ）は同じ意味で使われます。Windowsでは￥を、Macでは＼を使います。なお、Visual Studio Code（P.24参照）でコードを入力する際には、WindowsとMacの両方で＼を使います。

CONTENTS

CHAPTER 1
環境をつくる　15

1-1　Rubyとは　16
Rubyの特徴　16
Rubyが使われているところ　17
Rubyの歴史　17

1-2　Windows環境へRubyをインストールする　18
RubyInstallerをダウンロードする　18
インストーラを実行する　19
Rubyが実行できることを確認する　21

1-3　Mac環境のRubyを確認する　22
Rubyが実行できることを確認する　22

1-4　エディターをインストールする　24
Visual Studio Codeとは　24
Visual Studio Codeをインストールする　25
メニューを日本語にする　28
Visual Studio Codeの使い方　29
Visual Studio Codeの色を変える　30
Visual Studio Codeの高度な使い方　30

1-5　プログラムを書いて実行する　32
プログラムを実行する手順を確認する　32
プログラムを保存するフォルダをつくる　32
エディターでプログラムを書く　33
プログラムをファイルに保存する　34
コマンドプロンプトでプログラムを保存したフォルダへ移動する　35
コマンドプロンプトでプログラムを実行する　37
基本的なコマンド　37

1-6　エラーが起こったときは　40
プログラムの打ち間違いを確認する　40
ファイル名の入力誤りを確認する　41
rubyコマンドが実行できない　41

CHAPTER 2
かんたんなプログラムを書く　43

2-1　計算する　44
数値を表示する　44
整数を計算する　45
小数を計算する　47
累乗と剰余を計算する　Challenge　47

2-2 文字列を表示する　48
- 文字列を表示する　48
- 文字列を足し算する　49
- 数値と文字列の違いは?　49
- 数値と文字列を足すとどうなる?　50
- 文字列を数値に変換する　51

2-3 オブジェクトと変数を理解する　52
- オブジェクトとは　52
- 変数とは　53
- 変数は便利!　54
- 文字列に計算結果を埋め込む　55
- 変数の名前のルールを確認する　55
- キーボードから値を入力する [Challenge]　56

2-4 プログラムにコメントを書く　58
- コメントにする　58
- 行の途中からコメントにする　59
- 空行は無視される　59
- 数行に渡ってコメントにする [Challenge]　59

2-5 対話的に実行する　61
- irbの使い方　61
- プログラムの途中で一時停止してirbを使う　62

2-6 プログラムの間違いを見つけて直す　64
- pメソッドを使って変数の中身を表示させる　64

2-7 エラーメッセージを読み解く　66
- エラーメッセージの読み方　66
- いろいろなエラーメッセージを体験する　68

CHAPTER 3
処理の流れを変える　71

3-1 条件を判断する　72
- プログラム風の日本語を書く　72
- 大きさを判断する　73
- 等しいことを判断する　75

3-2 条件を満たしたときに処理をする　77
- if - 条件を満たすとき　77
- if - 条件を満たさないとき　79
- unlessと！ [Challenge]　80

3-3 条件を満たさないときにも処理する　82
- 条件を満たしたとき、満たさないときの2つに分岐する　82
- 条件を満たさないときの処理 - else節　83
- elsifと、組み合わせたif [Challenge]　84

3-4　複数の条件を組み合わせる　……86
- どちらかの条件を満たすとき - 「aまたはb」　……86
- 両方の条件を満たすとき - 「aかつb」　……87
- ifの条件に書けるもの [Challenge]　……90

3-5　複数の道から1つを選んで分岐する　……91
- 複数の道から1つを選んで分岐する - case　……91
- 複数の道に合致するものがないときの処理を書く　……93

3-6　なんども繰り返す　……95
- 決まった回数だけ繰り返す - timesメソッド　……95
- do endの代わりに { } を使う　……97
- 条件付き繰り返し while [Challenge]　……98

CHAPTER 4
まとめて扱う - 配列　101

4-1　オブジェクトをまとめて扱う　……102
- 配列とは　……102
- 配列をつくる　……103
- 変数に代入して配列に名前をつける　……104

4-2　要素を取得する　……106
- 配列の要素を取得する　……106
- 「何もない」ことを表すオブジェクト nil　……107

4-3　要素を追加・削除する　……109
- 要素を追加する　……109
- 要素を削除する　……110
- 配列を足し算する　……111
- 配列を引き算する　……111

4-4　配列を繰り返し処理する　……113
- 配列を繰り返し処理する　……113
- 繰り返しを途中で終わらせる - break　……115
- 繰り返しの次の回へ進む - next　……116
- 範囲を指定して繰り返す [Challenge]　……117

CHAPTER 5
便利な道具を使う　119

5-1　配列の便利なメソッドを使う　……120
- 配列の要素数を得る - sizeメソッド　……120
- 配列の全要素の合計を得る - sumメソッド　……121

5-2 メソッドの機能を調べる　123
- リファレンスマニュアルとは　123
- メソッドの名前から機能を調べる - uniqメソッド　124
- 末尾に！がつくメソッド　127
- ブロックを渡せるメソッド `Challenge`　129

5-3 機能からメソッドを探す　131
- ランダムに要素を取得する - sampleメソッド　131

5-4 配列の要素を並び換える　133
- 配列の要素を順に並び換える - sortメソッド　133
- 配列の要素を逆順にする　134

5-5 配列と文字列を変換する　135
- 配列中の文字列を連結する - joinメソッド　135
- 文字列を分割して配列にする - splitメソッド　137

5-6 配列の各要素を変換する　139
- 配列の各要素を変換した配列を作る - mapメソッド　139
- 特定のブロックには短い書き方がある `Challenge`　140

CHAPTER 6
組で扱う - ハッシュ　143

6-1 オブジェクトを組で扱う　144
- ハッシュ（Hash）とは　144
- シンボル（Symbol）とは　145
- ハッシュには2つの書き方がある　146
- 変数に代入してハッシュに名前をつける　146
- ハッシュから値を取得する　147

6-2 キーと値の組を追加・削除する　149
- ハッシュへキーと値の組を追加する　149
- ハッシュは同じキーを複数持てない　149
- 存在しないキーを指定したとき　150
- 2つのハッシュを1つにまとめる　150
- ハッシュからキーと値の組を削除する　151

6-3 ハッシュの要素を繰り返し処理する　152
- ハッシュを繰り返し処理する　152

CHAPTER 7
小さく分割する - メソッド　155

7-1 メソッドを作って呼び出す　156
- メソッドとは　156

	メソッドを定義する	157
	メソッドを呼び出す	158
	メソッドの戻り値とは	158
7-2	**メソッドへオブジェクトを渡す**	**161**
	引数を使ってオブジェクトを渡せるメソッドを定義する	161
	2つ以上の引数を持つメソッドを定義する	163
	メソッドを途中で終わらせる - return	164
7-3	**引数の便利な機能を使う**	**168**
	引数を省略したときのデフォルト値	168
	引数の順番を変えられるキーワード引数	169
	キーワード引数でのデフォルト値	171
7-4	**変数には見える範囲がある**	**173**
	ローカル変数とスコープ	173

CHAPTER 8
部品をつくる - クラス　　　　177

8-1	**クラスとは**	**178**
	オブジェクトはクラスに属している	178
	オブジェクトを作る2つの方法	180
8-2	**クラスを作る**	**182**
	クラスを作る	182
	クラス名の規則	184
8-3	**オブジェクトが呼び出せるメソッドを作る**	**186**
	クラスにメソッドを定義する	186
	クラスに定義したメソッドを呼び出す	187
	レシーバ	188
	クラスに引数を受け取るメソッドを定義する	190
	クラスの中で同じクラスのメソッドを呼び出す	190
	selfを使ってレシーバを調べる〔Challenge〕	191
8-4	**オブジェクトにデータを持たせる**	**193**
	インスタンス変数	193
	インスタンス変数はオブジェクトごとに存在する	195
	インスタンス変数を取得するメソッドを作る	196
	インスタンス変数へ代入するメソッドを作る	197
	instance_variablesメソッド〔Challenge〕	198
8-5	**オブジェクトが作られるときに処理を行う**	**200**
	initializeメソッド	200
	インスタンス変数の初期値を設定する	201
	initializeメソッドへ引数を渡す	201
8-6	**クラスを使ってメソッドを呼び出す**	**203**
	インスタンスメソッドとクラスメソッド	203

　　　　クラスメソッドを定義する　204
　　　　同じクラスのクラスメソッドを呼び出す　205

8-7　継承を使ってクラスを分ける　207
　　　　継承　207
　　　　Rubyが用意しているクラスたちの継承関係　210
　　　　親子のクラスで同名のメソッドを作ったときの動作　210
　　　　親クラスのメソッドを呼び出す - super　211

8-8　メソッドの呼び出しを制限する　213
　　　　クラスでのメソッド定義の中だけで呼び出せるメソッドを作る　213
　　　　privateとpublic　215
　　　　privateなクラスメソッドを定義する [Challenge]　217

CHAPTER 9
部品を共同利用する - モジュール　219

9-1　複数のクラスでメソッドを共同利用する　220
　　　　メソッドを共同利用する手順　220
　　　　モジュールを作る　220
　　　　モジュールにメソッドを定義する　221
　　　　モジュールのメソッドをクラスで使う - include　221
　　　　モジュールは複数のクラスで共同利用できる　224
　　　　モジュールのメソッドをクラスメソッドにする - extend [Challenge]　226

9-2　モジュールのメソッドや定数をそのまま使う　228
　　　　モジュールにクラスメソッドを定義する　228
　　　　Rubyが用意しているモジュールを使う　229
　　　　名前空間 [Challenge]　229

9-3　部品を別ファイルに分ける　231
　　　　別ファイルのクラスやモジュールを読み込む　231
　　　　includeとrequire_relativeの違い [Challenge]　233

CHAPTER 10
Webアプリをつくる　235

10-1　ライブラリを使う　236
　　　　Gemとは　236
　　　　Gemの使い方　236
　　　　Bundlerとは　238
　　　　Bundlerをインストールする　238
　　　　GemfileにインストールするGemを書く　239
　　　　bundle installコマンドでインストールする　240
　　　　bundle updateコマンドでGemをバージョンアップする　241
　　　　bundle execコマンドで指定したバージョンのGemを使う　241

10-2 かんたんなWebアプリを作る　243

Webアプリとは　243
sinatra Gemを使ってWebアプリを作る　243
Webアプリの中でRubyプログラムを実行する　245
URLを理解する　246
Webアプリの基本動作　247
ブラウザがリクエストをサーバへ投げる　247
Webアプリがリクエストに対応したレスポンスを返す　248
ブラウザがレスポンスで返ってきたHTMLを解釈して表示する　248

10-3 Webへアクセスするプログラムを作る　250

WebページへアクセスしてHTMLを取得する　250
WebページへアクセスしてJSONを取得する　251
JSONへ変換　252
WebページへHTTP POSTメソッドでリクエストをする [Challenge]　253

CHAPTER 11
使いこなす　255

11-1 例外処理　256

例外とは　256
例外を処理する - rescue　257
例外の詳しい情報を得る　260
例外を表すクラス　261
例外を発生させる - raiseメソッド　263
例外の有無に関わらず必ず処理を実行する - ensure　264

11-2 クラスの高度な話　266

インスタンス変数を簡単に操作する　266
self　268
クラスメソッドとインスタンスメソッドでのインスタンス変数は別物　270
クラス変数　270

11-3 文字列を調べる - 正規表現　271

文字列を含むか判定する　271
文字列が条件と合致するか判定する　272
その他の正規表現　273
条件と合致するものを抽出する　273
条件と合致する文字列を置換する　274

11-4 ブロックの高度な話　275

ブロックを渡すメソッド呼び出し　275
渡されたブロックを実行する　276
渡されたブロックを引数で受け取る　277

11-5 Mac環境へ最新のRubyをインストールする　278

Homebrewをインストールする　278
Rubyをインストールする　280
Rubyのバージョンを更新する　280

索引　282

CHAPTER 1

環境をつくる

"創作するスキル。演繹力。推論力。知的な頷き。Rubyはあなたの心と世界とを結びつけるツールになる。"
── _whyの（感動的）rubyガイド 第1章より

　ようこそ、Rubyプログラミングの世界へ。プログラムを書くためには、Rubyやエディターなどのツールを使います。これらのツールはあなたのプログラミングの支えになってくれるでしょう。この章では、Rubyやエディターのインストール方法とRubyプログラムの動かし方を説明します。

1	Rubyとは	P.16
2	Windows環境へRubyをインストールする	P.18
3	Mac環境のRubyを確認する	P.22
4	エディターをインストールする	P.24
5	プログラムを書いて実行する	P.32
6	エラーが起こったときは	P.40

CHAPTER 1　環境をつくる

1-1 Rubyとは

ここでは、本書で学習するRubyがどのようなプログラミング言語なのかを解説します。

☕ Rubyの特徴

　世の中にはJavaやPythonなどの、たくさんのプログラミング言語があります。その中でもRubyは、楽しくプログラムを書くことにこだわった言語です。Rubyの公式サイト（https://www.ruby-lang.org/ja/）では、Rubyの特徴を以下のように紹介しています。

　オープンソースの動的なプログラミング言語で、シンプルさと高い生産性を備えています。エレガントな文法を持ち、自然に読み書きができます。

● Rubyの公式サイト

　Rubyは書いたプログラムをすぐに動かすことができます。すぐに動かせるということは、トライ&エラーを繰り返すプログラミングにおいて、プログラマに心地よいリズムをもたらします。

16

Rubyの文法は読みやすいように工夫されています。例えば `3.times { puts "hi" }` というプログラムは、`hi`という文字を3回表示します。`3.times`は処理を3回繰り返す命令で、`puts "hi"`は`hi`という文字を表示する命令です。自然な単語の組み合わせで　コンピュータへの命令を表現できています。読みやすい文法により、プログラムは文法に頭を悩ませることなく実現したいことに集中できます。

　Rubyはオープンソースです。オープンソースとは、ソースコード、つまりプログラムの中身が公開されており、誰でも自由に利用し修正できるソフトウェアのことです。はじめは、まつもとゆきひろさん(matz)が一人で作っていたRubyですが、今では世界中の人がRubyの開発に携わっています。Rubyは特定の組織が作っている言語ではありませんが、Rubyの普及によって多くの開発者が様々な組織から支援を受けられるようになっています。このことは、Rubyの将来性、安定性に大きく寄与しています。

　Rubyの開発者や利用者が集まる場所を、Rubyコミュニティと言います。世界中で大小さまざまなRubyコミュニティが運用されています。特にポイントとなるのは、開発者と利用者の垣根がないことです。Rubyに興味を持ってコミュニティに参加するうちに、いつの間にかRubyの開発に関わっていた人もたくさんいます。

Rubyが使われているところ

　Rubyは世界中の企業で採用されています。特に、Ruby上で動作するWebアプリづくりの道具であるRuby on Railsを使用しているサービスは多く、民泊を提供するAirbnb、世界最大の開発プラットフォームであるGitHub、レシピの共有サービスCookpad、ニュース配信サービスGunosy、お金のサービスであるマネーフォワードなど多数に渡ります。

　RubyとRuby on Railsは、開発者の生産性を最大化し、ビジネスの変化を受け入れ柔軟に対応できる土台となっています。楽しくプログラムを書くことにこだわったRubyの考え方が、新しいサービスを産み出し、世の中を変えていく原動力になっているのです。

Rubyの歴史

　Rubyは1993年に誕生した言語です。Pythonが1989年、Javaが1990年に開発開始しているので、ほぼ同時期の言語と言えます。

- 1993年 まつもとゆきひろさんが作成中のプログラミング言語にRubyと命名。Rubyの誕生。
- 1995年 Rubyが一般公開される。当初はスクリプト言語として主に利用されていた。
- 2005年 Ruby on Rails 1.0がリリースされ、スタートアップ企業でのWebアプリケーション開発での採用事例が増える。
- 2013年 現在のメジャーバージョンであるRuby 2.0.0がリリースされる。
- 2018年 Ruby生誕25周年。Ruby2系の最新バージョンとなるRuby 2.6系がリリース予定。

　現在はRuby3という新しいバージョンに向けて、さらなる高速化や利便性の向上をはかるべく開発が進められています。

CHAPTER 1　環境をつくる

1-2　Windows環境へRubyをインストールする

ここでは、Windows環境にRubyをインストールする方法を解説します。インターネット上からプログラムをダウンロードするので、あらかじめインターネットに接続しておく必要があります。

RubyInstallerをダウンロードする

WebブラウザでRubyInstallerの配布サイト（https://rubyinstaller.org/）へアクセスします。

● RubyInstallerの配布サイト

　「Download」のリンクをクリックし、ダウンロードページへと移動します。「WITHOUT DEVKIT」のところから、最新のバージョン（執筆時点ではRuby 2.5.1-2）を選びます。Windowsには、「64ビット版」と「32ビット版」があります。お使いのWindowsが64ビット版の場合は（x64）、32ビット版の場合は（x86）が付いている方を選んでください。

● RubyInstallerのダウンロードページ

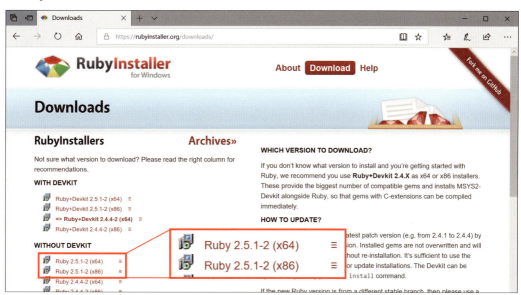

Rubyのバージョンは、2.4.4や2.5.1のように3つの数字で構成されています。先頭の数字はメジャーバージョンで、現在はバージョン2系が最新です。2つ目の数字はマイナーバージョンです。マイナーバージョンは1年ごとに新しくなります。最後の数字はTEENYバージョンで、機能は変わらずにセキュリティーの問題やバグが解決されます。

インストーラを実行する

ダウンロードしたインストーラを実行すると、ライセンス同意画面が表示されます。ライセンスに同意する場合は、「I accept the License」を選択し、「Next」ボタンをクリックします。

● ライセンス同意画面

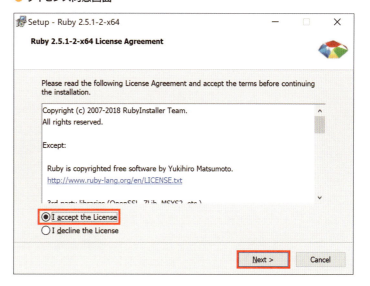

インストール先の選択画面が表示されます。「Use UTF-8 as default external encoding.」にチェックを付けて、「Install」ボタンをクリックします。

●インストール先の選択画面

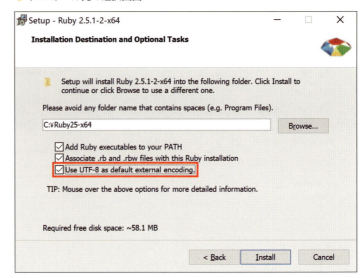

インストールが終わると完了画面が表示されます。「Run 'ridk install' to ...」のチェックボックスをオフにします。「Finish」ボタンをクリックして、インストーラを閉じます。

●インストール完了画面

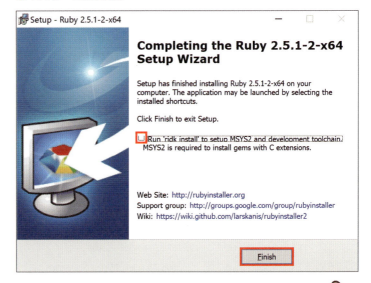

インストール完了画面でチェックボックスを付けたままで「Finish」ボタンをクリックすると、「RubyInstaller2 for Windows」と書かれた黒い画面が表示されます。この画面が表示された場合は、右上の×ボタンをクリックしてウィンドウを閉じてください。

●MSYS2インストール画面

1-2 Windows環境へRubyをインストールする

 ## Rubyが実行できることを確認する

　Rubyがインストールされると、Windowsのスタートメニューに「Ruby 2.5.1-2-x64」という項目が追加されています。この中から、「Start Command Prompt with Ruby」を選択します（またタスクバーにある「ここに入力して検索」欄から「Start Command Prompt with Ruby」と入力していくと検索結果欄に表示されるのでここから選んでもOKです）。

　なお、「2.5.1-2」の部分はインストールしたRubyのバージョン番号になります。また、32ビット版をインストールした場合は「x64」は「x86」になります。

● スタートメニュー

　すると、黒い背景に白い文字の画面が表示されます。この画面をコマンドプロンプトといいます。先頭にRubyのバージョンが表示されていることを確認してください。なお「2.5.1p57」以降はインストールしたRubyのバージョンによって異なります。コマンドプロンプトを閉じるには、ウインドウ右上の×ボタンをクリックするか、コマンドプロンプトにexitを入力します。

● コマンドプロンプトの画面

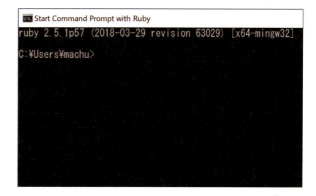

--- NOTE ---

　毎回スタートメニューからRubyのコマンドプロンプトを開くのは面倒ですね。タスクバーのコマンドプロンプトのアイコンを右クリックし、「タスクバーにピン留めする」を選択すると、Rubyを終了してもタスクバーにアイコンが残ります。次からは、タスクバーのアイコンをクリックするだけで、Rubyのコマンドプロンプトを開けます。

● タスクバーへのピン止め

21

CHAPTER 1　環境をつくる

1-3 Mac環境のRubyを確認する

> Macには初めからRubyが入っているため、インストールは不要です。ここでは、インストールされているRubyのバージョンを確認します。

Rubyが実行できることを確認する

　Rubyが実行できるか確認してみましょう。Finderの「アプリケーション」→「ユーティリティ」→「ターミナル」を選択してターミナルを起動します。

● ターミナルの起動

この文字の画面をターミナルといいます。

● ターミナルの画面

ターミナルにて`ruby -v`と入力してください。`ruby 2.3.7p456`のようにRubyのバージョンが表示されればインストールされています。なお、最新のRubyを使いたい場合は、P.278の手順でRubyをインストールしてください。

ターミナルを閉じるには、ウインドウ左上の赤い丸ボタンをクリックするか、ターミナルで`exit`を入力します。なお、この本ではこれ以降Windowsでの呼び方に揃えて、ターミナルをコマンドプロンプトと呼ぶことにします。

● Rubyバージョンの確認画面

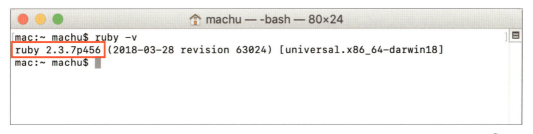

NOTE

● ターミナルをDockに追加

毎回アプリケーションからフォルダをたどってターミナルを開くのは面倒ですね。Dock上のターミナルアイコンを長押しして、「オプション」→「Dockに追加」を選ぶとターミナルを終了してもDockにアイコンが残ります。次からは、Dockのアイコンをクリックするだけで、ターミナルを開けるようになります。

1-4 エディターをインストールする

本書では、プログラミングの道具として、Visual Studio Codeというエディターを使います。最初に、Visual Studio Codeのダウンロードとインストール方法について解説します。

Visual Studio Codeとは

　プログラムはWindows標準のメモ帳やMac標準のテキストエディットでも書けなくはないのですが、全角スペースと半角スペースの区別がつきにくかったり、やり直し（アンドゥ）が1回しかできなかったりなど、いろいろと不便です。なにより、Visual Studio Codeなどのエディターにはコードハイライト機能があります。これは、プログラムの種類によって自動で色が付く機能です。そのため、プログラムが読みやすくなるだけでなく、見た目がかわいくなり、書くテンションが上がります。

●Windows標準メモ帳の画面

●エディター（Visual Studio Code）の画面

　エディターには多くの種類があり、それぞれ一長一短があります。本書ではマイクロソフト社製のVisual Studio Codeというエディターをご紹介します。Visual Studio Codeは、無償で使える、比較的軽量に動作する、メニューを簡単に日本語化できるという特徴があります。マイクロソフト社製のエディターですが、WindowsだけでなくMacやLinuxでも使うことができます。

Visual Studio Codeをインストールする

はじめに、WebブラウザでVisual Studio Codeのダウンロードサイト（https://code.visualstudio.com）へアクセスします。「Download for Windows」のリンクをクリックし、Visual Studio Codeのインストーラをダウンロードします。Macの場合は、リンクが「Download for Mac」になります。

● Visual Studio Codeのダウンロードサイト

ダウンロードしたインストーラを実行し、Visual Studio Codeのセットアップウィザードを起動します。「次へ」ボタンをクリックします。

● Visual Studio Codeセットアップウィザード

使用許諾契約書の同意画面が表示されます。ライセンス条項を読み、「同意する」を選択して、「次へ」ボタンをクリックします。

● 使用許諾契約書の同意画面

CHAPTER 1　環境をつくる

　インストール先の指定画面が表示されます。特に理由がなければインストール先のフォルダを変更せずに「次へ」ボタンをクリックします。

● **インストール先の指定画面**

　プログラムグループの指定画面が表示されます。ここも理由がなければ変更せずに「次へ」ボタンをクリックします。

● **プログラムグループの指定画面**

　追加タスクの選択画面が表示されます。デスクトップにVisual Studio Codeのアイコンを作りたい場合は、「デスクトップ上にアイコンを作成する」のチェックボックスを選択します。「次へ」ボタンをクリックします。

● **追加タスクの指定画面**

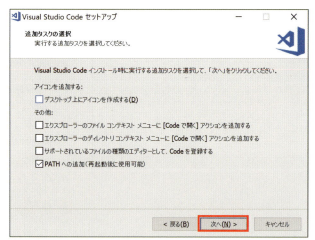

インストール準備の完了画面が表示されます。「インストール」ボタンをクリックします。

● インストール準備完了画面

インストールが完了しました。「完了」ボタンをクリックしてセットアップウィザードを終了します。

● セットアップ完了画面

Macの場合は、Finderを開いて「ダウンロード」フォルダを表示します。ダウンロードした「Visual Studio Code」を「アプリケーション」フォルダへドラッグ＆ドロップで移動します。

● ダウンロードフォルダ画面

メニューを日本語にする

インストール直後はVisual Studio Codeのメニューが英語になっています。そこで、日本語パックを追加してメニューを日本語に変更します。

はじめに、Visual Studio Codeを起動します。Windowsでは、スタートメニューから、「Visual Studio Code」を選択します。Macでは Finderを開き、メニューバーから「移動」→「アプリケーション」を選択します。Macにインストールされているアプリケーションの一覧が表示されるので、その中から「Visual Studio Code」を選択します。

Visual Studio Codeが起動したら、ウインドウの左端に並んでいるアイコンのうち、一番下のアイコンをクリックします❶。検索欄に「japanese」と入力します❷。検索結果から「Japanese Language Pack for Visual Studio Code」を選択し❸、緑色で「Install」と書かれたボタンをクリックして❹、日本語パックをインストールします。

インストールが終わると、ウインドウの右下に「Would you like to restart VS Code」と書かれたダイアログが表示されるので、「Yes」ボタンをクリックします❺。

Visual Studio Codeの使い方

　Visual Studio Codeで新しいファイルを作るときは、メニューバーから「ファイル」→「新規ファイル」を選択します。作ったファイルには名前をつけてあげましょう。メニューバーから「ファイル」→「保存」を選択すると保存ダイアログが開くので、好きな名前をつけて「保存」ボタンをクリックしてください。ファイルを保存せずにエディターを閉じてしまうと、せっかく書いたプログラムが反映されませんので、こまめに保存する癖をつけると良いでしょう。保存したファイルを開くには、メニューバーから「ファイル」→「ファイルを開く」（Macは「ファイル→「開く…」）を選択します。ダイアログボックスが表示されるので、開きたいファイルを選んでください。

　プログラムを書いているときに、打ち間違って元の状態に戻したくなることがあります。一文字ずつ消していっても良いのですが、エディターの「元に戻す」機能を使うと便利です。メニューバーから「編集」→「元に戻す」か、キーボードの Ctrl + Z （Macは Cmd + Z ）を押すと変更内容を前の状態に戻せます。元に戻しすぎたときは、「やり直し」を使います。メニューバーの「編集」→「やり直し」か、キーボードの Ctrl + Y （Macは Shift + Cmd + Z ）を押します。「元に戻す」を実行するたびにプログラムが過去の状態に戻っていくので、まるでタイムマシンに乗ってプログラムを眺めている気分になれます。

●「元に戻す」と「やり直し」

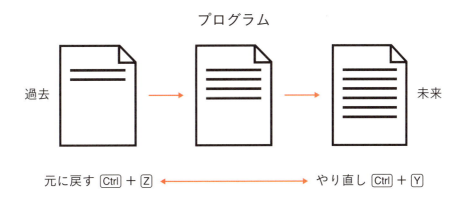

　Visual Studio CodeはWebブラウザのタブのように、複数のファイルを同時に開くことができます。タブのファイル名を選択すると、表示するファイルを切り替えることができます。タブの横にある×ボタンをクリックするか、メニューバーから「ファイル」→「エディターを閉じる」を選択すると、ファイルを閉じることができます。

　Visual Studio Codeを終了するときは、メニューバーから「ファイル」→「終了」（Macは「Code」→「Visual Studio Codeを終了」）を選択します。

　キーボードのショートカットキーを覚えると、エディターをより早く操作できるようになります。特に、プログラムを書くときはキーボードに両手を置く時間が長くなりますので、いちいちマウスやトラックパッドを操作する必要がなく便利です。少しずつでも覚えていくと良いでしょう。

CHAPTER 1　環境をつくる

● Visual Studio Codeの主なショートカットキー

操作	Windows	Mac
新しいファイルを作る	Ctrl + N	Cmd + W
ファイルを保存する	Ctrl + S	Cmd + S
ファイルを閉じる	Ctrl + W	Cmd + W
ファイルを開く	Ctrl + O	Cmd + O
元に戻す（アンドゥ）	Ctrl + Z	Cmd + Z
やり直し（リドゥ）	Ctrl + Y	Shift + Cmd + Z
切り取り	Ctrl + X	Cmd + X
コピー	Ctrl + C	Cmd + C
貼り付け	Ctrl + V	Cmd + V
Visual Studio Codeを終了する	Alt + F4	Cmd + Q

Visual Studio Codeの色を変える

　Visual Studio Codeは初期状態では黒い背景に白い文字となっています。この配色は変えることができます。Visual Studio Codeのメニューバーから、「ファイル」（Macは「Code」）→「基本設定」→「配色テーマ」を選択し、「Light」や「Dark」などの配色テーマを選択します。ダークテーマが暗い背景に明るい文字で、ライトテーマが明るい背景に暗い文字です。自分の好みにあったテーマを探してみましょう。

● ダークテーマ

● ライトテーマ

Visual Studio Codeの高度な使い方

　Visual Studio Codeはエディターだけでなく、ファイルの操作やターミナルといったプログラミングをするために便利な機能が含まれています。ファイルの操作は、WindowsのエクスプローラーやMacのFinderのようなものです。

　ファイル操作を使うには、メニューバーから「ファイル」→「フォルダーを開く」（Macは「開く」）を選択します。ダイアログで開きたいフォルダを選択すると、エディターの左側にサイドバーが表示されます。ここから複数のファイルを開いたり、名前を変更したりといったファイル操作が行えるようになり、エクスプローラやFinderを使わずにVisual Studio Codeだけで操作が完結

できます。特に便利なのは、Ctrl + P（MacではCmd + P）による曖昧なファイル検索です。Ctrl + P を押した後に表示されるテキストエリアにファイル名の一部を入力すると、その名前にマッチするファイル候補を見つけてくれます。

● 曖昧なファイル検索（Ctrl+P）

Visual Studio Code内でコマンドプロンプト（ターミナル）を動かすこともできます。コマンドプロンプトはエディターで書いたプログラムを動かすときに使います。

メニューバーから「表示」→「ターミナル」を選択すると、エディターの下にコマンドプロンプトの画面が表示されます。エディター、ファイル操作、コマンドプロンプトという三つの道具がVisual Studio Code内で完結しますので、異なるウインドウを行ったり来たりする必要がなくなります。

● エディター内でのコマンドプロンプトの実行

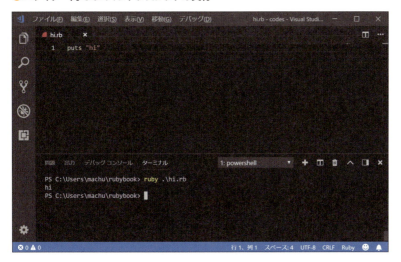

ほかにも、Visual Studio Codeには複数ファイルの全文検索やプログラムのバージョン管理システムとの統合など便利な機能がたくさんあります。使いこなせるようになるとプログラミングの強力なパートナーになります。

1-5 プログラムを書いて実行する

ここでは、Rubyのプログラムを作成して、実行するまでの流れを解説します。最初にエディターでプログラムを書いて、コマンドプロンプトで実行するだけで、すぐに結果を確認できます。

 ## プログラムを実行する手順を確認する

　Rubyプログラムを書いて実行してみましょう。Rubyプログラムを実行するには3つの手順を踏みます。

❶ エディターでプログラムを書いてファイルに保存する
❷ コマンドプロンプトでプログラムを保存したフォルダへ移動する
❸ コマンドプロンプトでプログラムを実行する

 ## プログラムを保存するフォルダをつくる

　まずはプログラムファイルを保存するフォルダを作成しておきましょう。本書では、ファイルは`C:¥Users¥[ユーザー名]¥rubybook`（Macは`/Users/[ユーザー名]/rubybook`）に保存します。[ユーザー名]の部分はマシン上のみなさんのユーザー名になります。

　フォルダはエクスプローラー（MacはFinder）から作ることもできますが、練習を兼ねてコマンドプロンプトから作成してみましょう。

　スタートメニューから「Start Command Prompt with Ruby」を選択し、コマンドプロンプトを起動します（P.21参照）。Macは、ターミナルを起動します（P.22参照）。
　コマンドプロンプトが起動したら、`mkdir rubybook`と入力してフォルダを作ります。

● rubybookフォルダの作成

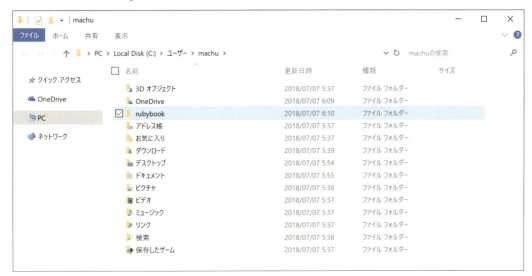

　念のためフォルダが作成できたかをエクスプローラーで確認してみましょう。このフォルダでエクスプローラーを起動するには、コマンドプロンプトから `explorer .`（Macは `open .`）と打ちます。最後の `.` を忘れないでください。

● エクスプローラーでrubybookフォルダを確認

 ## エディターでプログラムを書く

　それでは初めてのプログラムを書いてみましょう！　画面に `hi` と表示するプログラムです。エディターを起動します。Visual Studio Codeでは、メニューから「ファイル」→「新規ファイル」を選択して、新しいファイルを作ります。プログラムが入力できるようになるので、`puts "hi"` と入力します。`puts` は後につづく文字を画面に表示するメソッド（命令）です。`"` は一般的な日本語キーボードでは shift キーを押しながら 2 のキーを押して入力します。スペースや記号は、いわゆる半角文字で入力します。全角文字で入力すると、プログラムはエラーになってしまいます。日本語変換機能（IME）はオフにして作業するとよいでしょう。

● hi.rb

```
1: puts "hi"
```

CHAPTER 1　環境をつくる

●Visual Studio Codeでのプログラミング

 プログラムをファイルに保存する

　プログラムを書き始めたら、まずはファイルを保存しましょう。ファイルを保存すると、自動で色がつくようになりプログラムが読みやすくなります。ファイル名は自由につけることができますが、今回は `hi.rb` というファイル名を付けて保存しましょう。Rubyのプログラムが書かれたプログラムは、`.rb` をファイル名の末尾に付けるのが慣習です。また、Rubyではファイル名はすべて小文字を使うことが一般的です。つまり、`HI.rb` や `Hi.rb` ではなく `hi.rb` となります。

　Visual Studio Codeでは、メニューから「ファイル」→「名前を付けて保存」を選択します。「名前を付けて保存」ダイアログボックスが表示されるので、先ほど作ったrubybookフォルダを選択し、ファイル名のところに `hi.rb` と入力して、「保存」をクリックします。

　なお、WindowsとMacでのフォルダを選び方は以下のようになります。

　Windowsでは「PC」→「ローカルディスク(C:)」→「ユーザー」→「(あなたのユーザー名)」→「rubybook」とたどって選択します。

●名前を付けて保存ダイアログ

34

Macで場所欄にrubybookと表示されていないときは、右側の⌄ボタンをクリックしてフォルダ選択画面を表示します。サイドバーから家アイコンを選び、中のrubybookフォルダを選択してください。サイドバーに家アイコンがないときは、Finderのメニューから「Finder」→「環境設定」を選択し、サイドバーの家アイコンをチェックするとサイドバーへ追加できます。

☕ コマンドプロンプトでプログラムを保存したフォルダへ移動する

プログラムが保存されているフォルダに移動すると、かんたんにプログラムを実行することができます。コマンドプロンプトを起動し、次のコマンドを実行して、プログラムを保存したフォルダへと移動しましょう。

```
cd rubybook ⏎
```

● コマンドプロンプトでrubybookフォルダへ移動

```
Start Command Prompt with Ruby
ruby 2.5.1p57 (2018-03-29 revision 63029) [x64-mingw32]

C:\Users\machu>cd rubybook

C:\Users\machu\rubybook>_
```

コマンドプロンプトでは、プログラムファイルがあるフォルダへ移動してプログラムを実行します。

この、現在いるフォルダのことをカレントディレクトリと言います（ディレクトリはフォルダの別の呼び方です）。

カレントディレクトリを移動させるには**cd**コマンド（change directoryの略）を使います。**cd**コマンドに続いて、フォルダを指定します。フォルダをキーボードから入力するのが大変なときは、フォルダをコマンドプロンプトへドラッグアンドドロップするとかんたんに入力できます。

CHAPTER 1　環境をつくる

COLUMN

拡張子が表示されないときは

　ファイルの拡張子を表示するように変更できます。Windowsの場合は、エクスプローラーのファイルタブからオプションを選択し、「フォルダーオプション」画面を開きます。表示タブを選択し、「登録されている拡張子は表示しない」のチェックボックスをオフにして、「OK」ボタンをクリックしてください。

● エクスプローラーのフォルダオプション画面（Windows）

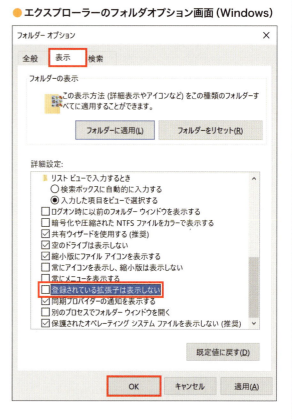

　Macの場合は、「Finderのメニューから、「Finder」→「環境設定」を選択して、Finder環境設定画面を開き、詳細をクリックします。「すべてのファイル名拡張子を表示」にチェックを入れると、拡張子が表示されるようになります。

● Finderの環境設定画面（Mac）

コマンドプロンプトでプログラムを実行する

　Rubyプログラムを実行するには、コマンドプロンプトで`ruby` ファイル名と入力し、Enterキーを押します。今回は`hi.rb`というファイルを実行したいので、`ruby hi.rb`と入力します。

```
ruby hi.rb ⏎
hi
```

　`hi`と表示されれば、Rubyプログラムの実行に成功しました。これであなたもRubyプログラマーの仲間入りです。ようこそRubyの世界へ！　この本で、これからたくさんのプログラムを書いていきましょう！

　うまく動かなかった方は、次の節に解決のヒントを書いていますので参考にしてください。

> この方法のほかに、1行ずつ入力したRubyプログラムをその場ですぐに実行するirbという道具も用意されています。P.61に説明がありますので、興味がある方は読んで動かしてみてください。

基本的なコマンド

　ここでちょっと脇道にそれますが、コマンドプロンプトの基本的なコマンドを見ていきましょう。コマンドプロンプトの世界ではRuby言語とは違う言語であるshell言語を使います。ここでは、コマンドプロンプトでよく使うコマンドを紹介します。

● cd：フォルダを移動

　フォルダを移動するには`cd`コマンドを使います。`cd`のあとに半角スペースを入れ、フォルダ名を入力します。以下は`rubybook`フォルダへ移動する例です。

```
cd rubybook ⏎
```

1つ上のフォルダへ移動するときは、フォルダ名に `..` を指定します。

```
cd .. ⏎
```

● cd, pwd：現在のフォルダを表示

現在のフォルダを表示するコマンドです。
Windowsでは `cd` コマンドを使います。フォルダは円マーク（¥）で区切られます。

```
cd ⏎
C:¥Users¥[ユーザー名]¥rubybook
```

Macでは `pwd` コマンドを使います。フォルダはスラッシュ（/）で区切られます。

```
pwd ⏎
/Users/[ユーザー名]/rubybook
```

> [ユーザー名]はマシン上のみなさんのユーザー名になります。

● dir, ls：ファイル一覧を表示

現在のフォルダ内にあるファイルやフォルダの一覧を表示するコマンドです。
Windowsでは `dir` コマンドを使います。現在のrubybookフォルダには、`hi.rb` ファイルがあります。

```
dir ⏎
 ドライブ C のボリューム ラベルがありません。
 ボリューム シリアル番号は 9C09-3FA8 です

 C:¥Users¥[ユーザー名]¥rubybook のディレクトリ

2018/05/23  08:39    <DIR>          .
2018/05/23  08:39    <DIR>          ..
2018/05/23  08:41                 9 hi.rb
               1 個のファイル                   9 バイト
               2 個のディレクトリ  3,411,177,472 バイトの空き領域
```

Macでは ls コマンドを使います。

```
ls ⏎
hi.rb
```

● ruby：Ruby プログラムを実行する

　Rubyのプログラムを実行します。プログラムファイルがあるフォルダへ移動してから、rubyに続けてプログラムファイルを指定して実行します。実行結果は次の行に出力されます。

```
ruby hi.rb ⏎
hi
```

● Ctrl + C：プログラムを強制的に終了する

　Rubyのプログラムの実行時に何らかの理由でプログラムが終了しなくなった場合は、Ctrl + C（Ctrlキーを押しながらCキーを押す）で強制的に終了できます。

コマンドプロンプトでラクラク入力

　上下カーソルキーでコマンド履歴を表示して、以前に実行したコマンドを再実行できます。何度も ruby hi.rb と入力しなくてよいので便利です。

　また、途中まで入力した状態で Tab キーを押すと、ファイル名やフォルダ名などを補完してくれます。たとえば、ruby hi まで入力して Tab キーを押すと、ruby hi.rb まで補完入力してくれます。

CHAPTER 1　環境をつくる

1-6 エラーが起こったときは

プログラムを打ち間違えていたり、Rubyが処理に困ったりしたときにはエラーが起こります。ですが安心してください。エラーが出てもパソコンが壊れることはありません。

プログラムの打ち間違いを確認する

プログラミングに慣れないうちは、エラーの原因はプログラムの打ち間違いによるものがほとんどです。コンピュータは人間ほど柔軟ではないため、少しの打ち間違いでもエラーになってしまいます。落ち着いてプログラムを見直すことで、間違いを見つけられます。

`undefined method ` put'`というエラーメッセージが出たときは、`puts "hi"`ではなく`put "hi"`となっています。エディターでプログラムを開き、`puts`の`s`が抜けていないかを確認してください。

```
ruby hi.rb ⏎
Traceback (most recent call last):
hi.rb:1:in `<main>': undefined method `put' for main:Object
  (NoMethodError)
Did you mean?   puts
                putc
```

似たようなメッセージですが、`undefined method ` puts '`エラーが出たときは`puts "hi"`の空白文字（スペース）が全角文字になっていないかを確認してください。

```
ruby hi.rb ⏎
Traceback (most recent call last):
hi.rb:1:in `<main>': undefined method `puts ' for main:Object
  (NoMethodError)
Did you mean?   puts
                putc
```

40

`undefined local variable or method `hi'` というエラーメッセージが出たときは、`puts "hi"` ではなく、`puts hi` になっています。エディターでプログラムを開き、`hi` をダブルクォーテーション「"」で囲ってください。また、ダブルクォーテーションが全角文字になっていないかも確認してください。エラーメッセージの読み方はP.66で詳しく説明します。

```
Traceback (most recent call last):
hi.rb:1:in `<main>': undefined local variable or method `hi' for
  main:Object (NameError)
```

> Rubyのバージョンによってエラーメッセージの表示が異なることがあります。

ファイル名の入力誤りを確認する

`No such file or directory -- hi.rb` というエラーメッセージが出たときは、プログラムを実行できていません。プログラムのファイル名が間違っているか、カレントディレクトリが違うかなどを調べてみてください。

```
Traceback (most recent call last):
ruby: No such file or directory -- hi.rb (LoadError)
```

rubyコマンドが実行できない

次のようなエラーメッセージが出たときは、rubyコマンドを実行できていません。rubyのつづりを間違えているかもしれません。つづりが正しいときは、P.21、P.23を確認してみてください。

Windowsの場合

```
'ruby' は、内部コマンドまたは外部コマンド、
操作可能なプログラムまたはバッチ ファイルとして認識されていません。
```

Macの場合

```
-bash: ruby: command not found
```

CHAPTER 1　環境をつくる

練習問題

1-1

問1 Rubyが動くかどうか確認しましょう。コマンドプロンプトを起動して、Rubyのバージョンを表示してください。

問2 コマンドプロンプトの操作に慣れましょう。コマンドプロンプトを起動し先ほど作成したrubybookフォルダに移動し、そこに`hi.rb`というファイルがあることを確認してください。まだrubybookフォルダを作っていない場合は、「1-5 プログラムを書いて実行する」を参考にrubybookフォルダと`hi.rb`ファイルを作成してください。

問3 Rubyプログラムを修正しましょう。エディターで`hi.rb`ファイルを開き、画面に`hi`ではなく`hello`と表示するプログラムに書き換えてください。

CHAPTER 2

かんたんなプログラムを書く

"ビタミンRは頭に直接効く。Rubyは自分のアイデアをコンピュータでどう表現すればいいか教えてくれる。あなたはマシンのための物語を書くようになるだろう。"

―― _whyの（感動的）rubyガイド 第2章より

　プログラムを書くことで、さまざまな問題をコンピュータを使って解決することができます。難しい問題を解くプログラムは難しくなりがちですが、短いプログラムでも解ける問題はたくさんあるので、最初は短いプログラムから始めましょう。この章では、短いかんたんなプログラムを使ってRubyとプログラミングの基礎を説明していきます。

1	計算する	P.44
2	文字列を表示する	P.48
3	オブジェクトと変数を理解する	P.52
4	プログラムにコメントを書く	P.58
5	対話的に実行する	P.61
6	プログラムの間違いを見つけて直す	P.64
7	エラーメッセージを読み解く	P.66

CHAPTER 2　かんたんなプログラムを書く

2-1 計算する

　最初は、計算をするプログラムから始めましょう。整数や小数の計算をして画面に表示するプログラムを書いて実行し、算数の答えがプログラムから得られることを見ていきましょう。

 数値を表示する

　1という数値を表示するプログラムから始めましょう。エディターを起動して、以下のプログラムを書いてみてください。`puts`と`1`の間は半角スペースなので、全角スペースにならないように気をつけてください。書き上がったら`one.rb`という名で保存します。

- `one.rb`

```
1: puts 1
```

　書けたらさっそく実行してみましょう。コマンドプロンプトを起動し、`cd`コマンドでプログラムが置いてあるフォルダへ移動します。移動ができたら、プログラムを実行してみましょう。

```
ruby one.rb ⏎
1
```

　1が表示されたでしょうか？　このプログラムは`puts`と`1`に分けることができます。`puts`は後ろに書いたものを画面に表示するメソッドです。メソッドは英語で方法や手段といった意味で、ここでは「命令」と考えると分かりやすいです。

　1は整数オブジェクト、または単に整数と呼びます。オブジェクト・・・？　聞き慣れない単語が出てきましたね。オブジェクトは日本語では「もの」の意味で、Rubyの世界での「もの」がオブジェクトです。オブジェクトについては、また後で説明しますので、今は「そういう言葉があるのだな」と考えておけば大丈夫です。

　`puts`の後ろには、整数オブジェクトだけでなく、足し算や引き算といった計算式も書くこともできます。次は、計算をするプログラムを書いてみましょう。

44

整数を計算する

足し算をしてみましょう。以下のプログラムを書いてください。

● **calc1.rb**

```
1: puts 1 + 2
```

書けたらコマンドプロンプトから実行します。

```
ruby calc1.rb ⏎
3
```

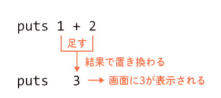
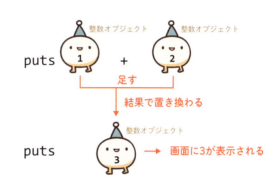

`puts`の後ろに書かれた`1 + 2`は算数での足し算の計算をします。`1 + 2`が実行され、結果の`3`で置き換えられます。`puts`に結果の`3`が渡されて、画面に`3`が表示されます。

引き算、掛け算、割り算のプログラムも書いて実行してみましょう。これは3行のプログラムです。プログラムは複数行を書けます。上から順に各行が実行されます。

● **calc2.rb**

```
1: puts 2 - 1      ──── 引き算
2: puts 2 * 3      ──── 掛け算
3: puts 4 / 2      ──── 割り算
```

```
ruby calc2.rb ⏎
1
6
2
```

それぞれ「2 - 1」、「2 × 3」、「4 ÷ 2」が計算されて、計算結果が画面に表示されます。足し算と引き算は見慣れた算数の記号ですが、掛け算は`*`、割り算は`/`の記号を使います。

3つ以上の整数オブジェクトをつなげて計算することもできます。

● calc3.rb

```
1: puts 1 + 2 + 3
```

```
ruby calc3.rb
6
```

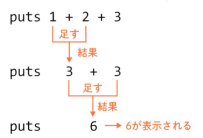

算数でのルールと同じく、足し算と掛け算をつなげて書くと掛け算が先に計算されます。（ ）をつけると計算の順序を変えることができることも算数のルールと同じです。以下のプログラムを実行して確かめてみてください。

● calc4.rb

```
1: puts 1 + 2 * 3
2: puts (1 + 2) * 3
```

```
ruby calc4.rb
7
9
```

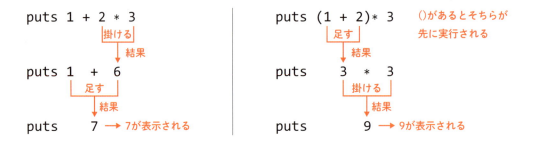

計算のほかにこのあと出てくるそれ以外のプログラムでも、( )を使うことで実行する順序を変えることができます。

小数を計算する

さきほど使った割り算のプログラムを変更してみましょう。

- **calc5.rb**

```
1: puts 5 / 2
```

```
ruby calc5.rb ⏎
2
```

2.5にならずに、結果は2となりました。これは、Rubyでは整数と小数は別のものとして扱われ、整数同士の計算の結果は整数になるルールだからです。余りの0.5は切り捨てられます。結果として2.5を得るためには、次のように.0をつけて、（両方または一方を）小数の計算にすればOKです。5.0や2.0は小数オブジェクト、または単に小数と呼びます。

- **calc6.rb**

```
1: puts 5.0 / 2.0
```

```
ruby calc6.rb ⏎
2.5
```

 ## 累乗と剰余を計算する [Challenge]

ほかにも累乗や剰余を計算することもできます。

- **calc7.rb**

```
1: puts 2 ** 8        ───── 累乗。2の8乗。実行結果は「256」
2: puts 7 % 3         ───── 剰余。7を3で割った余り。実行結果は「1」
```

まとめ

- 1や2は整数オブジェクト、または単に整数と呼ぶ
- `puts`は後ろに書いたものを画面に表示するメソッド
- 掛け算は*、割り算は/の記号を使う
- ( )をつけると計算の順序を変えることができる
- 割り算で小数点以下の値まで計算したいときは、（両方または一方を）小数にする
- 5.0や2.0は小数オブジェクト、または単に小数と呼ぶ

2-2 文字列を表示する

プログラムで文字を扱うときには文字列を使います。文字列はプログラムでよく使う部品の一つです。ここでは、文字列を表示したり、足し算を使ってつなげる方法を説明していきます。

文字列を表示する

次は、文字列を表示してみましょう。

- hello.rb

```
1: puts "hello world!"
```

```
ruby hello.rb ⏎
hello world!
```

`puts`は後ろにつづくオブジェクト（もの）を画面に表示するメソッド（命令）でしたね。整数や小数だけでなく、文字列も表示することができます。`"hello world!"`は文字列オブジェクト、または単に文字列と呼びます。文字の前後を"という記号で囲むと文字列になります。記号"をダブルクォーテーション（二重引用符）と言います。ダブルクォーテーションを忘れるとプログラムはエラーになるので気をつけてください。

- 文字列オブジェクトの書き方

```
"文字列"
```

日本語も表示できます。

- konnichiha.rb

```
1: puts "こんにちは"
```

ruby konnichiha.rb ⏎
こんにちは

日本語の"こんにちは"も同様に文字列です。

文字列を足し算する

数値と同じく、文字列は足すこともできます。

- **string1.rb**

```
1: puts "hello " + "world!"
```

ruby string1.rb ⏎
hello world!

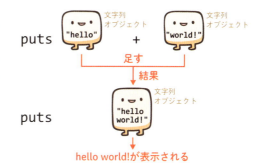

足し算をすると2つの文字列がつながりました。3つ以上の文字列をつなげることもできます。

- **string2.rb**

```
1: puts "hello" + " " + "world!"
```

ruby string2.rb ⏎
hello world!

数値と文字列の違いは？

次のプログラムはどのように動くでしょうか？

- **string3.rb**

```
1: puts 2 + 3
2: puts "2" + "3"
```

49

```
ruby string3.rb ⏎
5
23
```

同じことをやっているようですが、結果は違います。2 + 3は数値の足し算の結果である5になります。一方で"2" + "3"は文字列をつなげた結果の23になっています。

これは、Rubyでは数値と文字列は別物として扱われるためです。数字をそのまま書くと数値として扱い、"で囲むと文字列として扱います。数値と文字列の足し算のルールが異なるため、このような結果になります。

扱いを間違えると意図と違う結果になることもあるので、頭の片隅に置いておいてください。

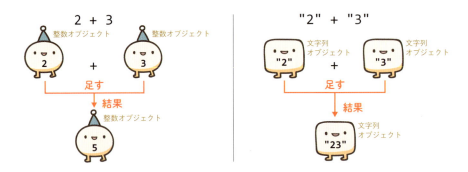

数値と文字列を足すとどうなる?

数値の3と文字列の"3"を足そうとするとどうなるでしょうか?

● error1.rb

```
1:  puts 3 + "3"
```

```
ruby error1.rb ⏎
Traceback (most recent call last):
        1: from error1.rb:1:in `<main>'
error1.rb:1:in `+': String can't be coerced into Integer (TypeError)
```

このようにエラーが表示されます。Rubyの世界ではできない操作をしようとすると、なぜできないのかを教えてくれるエラーメッセージが表示されます。エラーが出ると、最初は意図通り動かなくて嫌に感じるかもしれませんが、プログラムを意図通りに動かすヒントが書かれた、とても便利で親切なメッセージが出ます。

このエラーメッセージの詳しい読み方をかんたんに説明すると、「error1.rbというファイルの1行目、String can't be coerced into Integer（文字列は整数には変換できない）なので、TypeErrorです。」となります。足し算をしようとして、後ろの文字列の"3"を前の3にあわせて整数にしようと試みたのですが無理でした、というのがエラーの内容です。

文字列を数値に変換する

　このエラーは、「変換できない」のが問題でした。そこで、P.49の`string3.rb`のように足し算の両方を数値、または文字列に揃えて変換を不要にするのが1つの修正方法です。別の修正方法は、整数を文字列へ変換する`to_s`メソッド、文字列を整数へ変換する`to_i`メソッドを使って両方を数値、または文字列に揃えておく方法です。

　`to_s`は英単語の`to`(〜へ)と`string`(文字列)の頭文字の`s`の組み合わせで、「文字列へ(変換)」といった意味です。同じく`to_i`の`i`は`integer`(整数)の頭文字で、「整数へ(変換)」といった意味になります(`to_s`の_がキーボード上で見つからないときはP.7を参考に探してみてください)。

　これらのメソッドはオブジェクトの後ろに`.`をつけて書きます。`3.to_s`は整数オブジェクト3を変換して文字列オブジェクト`"3"`を作ります。`"3".to_i`は文字列オブジェクト`"3"`を変換して整数オブジェクト3を作ります。「オブジェクトに対して何かする」型のメソッドはたいていの場合、「オブジェクト`.`メソッド」の形を取ります。

- `to_i_to_s.rb`

```
1: puts 3.to_s + "3"
2: puts 3 + "3".to_i
```

```
ruby to_i_to_s.rb ⏎
33
6
```

まとめ

- 文字列はダブルクォーテーション`"`で囲む
- 文字列を足し算すると、連結した文字列ができる
- 文字列の足し算と、数値の足し算はルールが違う
- 文字列と数値を足し算すると、エラーになる

CHAPTER 2　かんたんなプログラムを書く

2-3 オブジェクトと変数を理解する

これまでにたびたび出てきた「オブジェクト」について説明します。また、オブジェクトに名札を付けることができる道具「変数」についても説明します。

オブジェクトとは

　オブジェクトとは、Rubyの世界での「もの」です。プログラムの中でデータを持ったり、操作したりする対象です。一番最初のプログラム`puts 1`の`1`はオブジェクトです。より詳しく言えば、整数オブジェクトです。同じく前に出てきた`puts 5.0 / 2.0`の`5.0`や`2.0`もオブジェクトで、こちらは小数オブジェクトです。`"カフェラテ"`は文字列オブジェクトです。ちなみに、`puts`はオブジェクトではなく、メソッド（命令）と呼ばれる、別の種類です。

● オブジェクト

オブジェクトの例	種類
`1`　`2`　`100`	整数オブジェクト
`2.0`　`5.0`　`3.14`	小数オブジェクト
`"カフェラテ"`　`"hi"`　`""`	文字列オブジェクト

整数オブジェクト

小数オブジェクト

文字列オブジェクト

　Rubyのプログラムではオブジェクトがたくさん使われます。まだ出てきていない、ほかの種類のオブジェクトもあります。
　オブジェクトの種類のことをクラスと言います。たとえば、整数オブジェクトは`Integer`（整数の意味）オブジェクトと呼ぶこともあり、この`Integer`がクラスの名前です。同様に、小数オブジェクトは`Float`（小数の意味）オブジェクトとも呼び、`Float`がクラスの名前です。文字列オブジェクトは`String`オブジェクトとも呼び、`String`がクラスの名前です。なお、

Ruby 2.3とそれより前のバージョンでは`Integer`クラスは細分化されていて`Fixnum`クラスと`Bignum`クラスに分かれています。クラスについては第8章で詳しく説明します。

 ## 変数とは

変数はオブジェクトに付ける名札です。さっそく、プログラムを見てみましょう。

● order.rb

```
1: order = "カフェラテ"
2: puts order
```

```
ruby order.rb ⏎
カフェラテ
```

`order = "カフェラテ"`で"カフェラテ"オブジェクトに`order`という名札を付けています。この名札のことを変数と呼びます。そして、この名札を貼る作業を「変数に代入する」と呼びます。`order = "カフェラテ"`は「変数`order`に"カフェラテ"を代入する」といいます。イコール(=)の左側が変数、右側が代入するオブジェクトです。算数のイコールとは違い、左右を逆にして書くことはできません。

● 変数へ代入

```
変数 = オブジェクト
```

2行目の`puts order`では、1行目で代入した変数`order`が出てきます。変数が使われると、その変数（名札）が付けられた（代入された）オブジェクトを探してきて置き換えます。ここで`order`は1行目で代入した"カフェラテ"オブジェクトで置き換えられ、`puts "カフェラテ"`が実行されます。

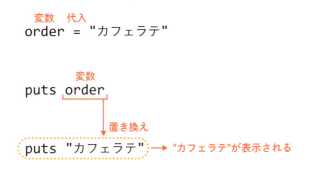

CHAPTER 2　かんたんなプログラムを書く

 ## 変数は便利！

次は、変数の便利さが分かる例を見てみましょう。カフェでの注文を表示するプログラムです。

● **cafelatte1.rb**

```
1: puts "ご注文は" + "カフェラテ" + "ですね？"
2: puts "カフェラテ" + "、オーダー入ります"
```

ruby cafelatte1.rb ⏎
ご注文はカフェラテですね？
カフェラテ、オーダー入ります

このプログラムには、1行目にも2行目にも"カフェラテ"という文字列オブジェクトがあります。もしも注文を別の品物に変更しようとすると、2カ所に変更を入れる必要があります。これは、変数を使って次のように書くことで重複を防げます。

● **cafelatte2.rb**

```
1: order = "カフェラテ"
2: puts "ご注文は" + order + "ですね？"
3: puts order + "、オーダー入ります"
```

ruby cafelatte2.rb ⏎
ご注文はカフェラテですね？
カフェラテ、オーダー入ります

プログラムがどのように動いているかをイメージ図で見てみましょう。

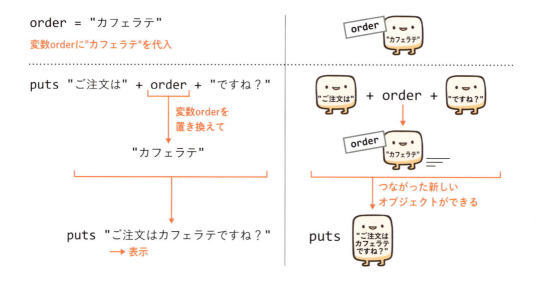

同じ結果を表示するプログラムを変数を使って書き直しました。この変更によって全行数は3

54

行に増えましたが、注文する品物を変えるときには1行目だけを変更すれば良いプログラムになりました。たとえば、「ベンティアドエクストラソイエクストラキャラメルエクストラヘーゼルナッツエクストラホイップエクストラローストエクストラトッピングダークモカチップクリームフラペチーノ」なんていう長い品物名のときにはとてもプログラムが読みやすくなりますね。

文字列に計算結果を埋め込む

`#{ 計算式 }`と書くことで、文字列に計算結果を埋め込んで表示できます。これを式展開といいます。計算式を文字列に展開する、という意味です。

- **式展開の記法**

```
#{計算式}
```

式展開を試してみましょう。`1 + 2`の計算結果を文字列に埋め込んで表示します。

- **expansion1.rb**

```ruby
1: puts "1 + 2の答えは#{1 + 2}です"
```

```
ruby expansion1.rb ⏎
1 + 2の答えは3です
```

このプログラムを実行すると、`#{1 + 2}`のところに`1 + 2`の計算結果である`3`が置き換わって表示されます。

式展開（`#{ 計算式 }`）は、変数を使うこともできます。式展開に変数を書くことで、変数に代入されたオブジェクトを埋め込むことができます。以下の2行目と3行目の2つの書き方は同じ結果となります。

- **expansion2.rb**

```ruby
1: order = "カフェラテ"
2: puts "ご注文は#{order}ですね？"      ——— 式展開を使う書き方
3: puts "ご注文は" + order + "ですね？"  ——— 足し算を使う書き方
```

このように、同じ結果を得るプログラムでも、さまざまな書き方があります。

式展開には変数のほか、さまざまなRubyのプログラムを埋め込むこともできます。とても便利なのでよく使われます。

変数の名前のルールを確認する

変数の名前には原則として、英字、数字、_を使います。ただし、先頭は英字小文字または_で始める必要があります。

* 良い例: order、x1
* 悪い例: Order、ORDER、1x

　慣習では、英字はすべて小文字で書き、2単語以上をつなげるときは_を間にいれます。 my_order、my_favorite_orderといった具合です。このスタイルをスネークケースと言います。_でつながる部分がへび（snake）のように見えるためです。

　今回出てきた変数の名前orderは、替わりにaやxを使っても実行結果は同じになります。しかし、意味のある、良い名前を付けた方がプログラムは読みやすくなります。プログラムの読み手を思い浮かべて、思いやりを持って名前をつけると良いでしょう。ここでの「読み手」は、このプログラムを書いたことをすっかり忘れた、3ヶ月後の自分も含まれます。変数のほか、後で出てくるメソッドやクラスなど、名付ける場面で良い名前をつけるのは重要なことです。実際に、Ruby本体の開発では（Rubyそのものもプログラムなので、Rubyを作っている方々がいます）、名前をつけるのに数ヶ月から数年かかることもあります。

 ## キーボードから値を入力する　Challenge

　計算のプログラムなどで、キーボードから値を入力してプログラムを実行することがあります。そんなときに便利なのがgetsメソッドです。getsを使うと、コマンドプロンプト上から値を入力するプログラムを書くことができます。

● gets1.rb

```
1: x = gets
2: y = gets
3: puts x + y
```

```
ruby gets1.rb ⏎
2 ⏎　――――― キーボードから入力
3 ⏎　――――― キーボードから入力
2
3　――――― プログラムの実行結果
```

　xとyにはコマンドプロンプトでキーボードから入力された"2¥n"、"3¥n"という文字列が代入されます。"¥n"は改行を表します。入力された文字列を整数での足し算にするために、以前に出てきたto_iメソッドを使います。

● gets2.rb

```
1: x = gets
2: y = gets
3: puts x.to_i + y.to_i
```

```
ruby gets2.rb ⏎
```

```
2 ⏎ ─────キーボードから入力
3 ⏎ ─────キーボードから入力
5   ─────プログラム実行結果
```

今回のプログラムでは使いませんでしたが、末尾の改行文字を取り除くときはchompメソッドを使います。"2¥n".chompの結果は"2"になります。

getsメソッドと、後のページで説明する条件分岐を使えば、入力した値から結果を変えるプログラムも作ることができます。

COLUMN

定数とは

定数という仕組みがあります。定数は、変数のように代入ができますが、2回目に代入しようとするとwarningが出ます。

● const.rb

```
1: CaffeLatte = "カフェラテ"    ─── CaffeLatteは定数。1回目の代入
2: puts CaffeLatte
3: CaffeLatte = "カフェラッテ"  ─── 定数CaffeLatteへ2回目の代入。warningが出る
4: puts CaffeLatte
```

```
ruby const.rb ⏎
カフェラテ
const.rb:3: warning: already initialized constant CaffeLatte
const.rb:1: warning: previous definition of CaffeLatte was here
カフェラッテ
```

warningは好ましくない処理をするときにメッセージを表示し、しぶしぶ実行してくれるものです。定数は固定しておくものなので、変更しようとすると「意図通りですか？」とwarningが表示されて教えてくれるというわけです。warningが表示されますが、代入は実行されます。

先頭が大文字の名前を付けると、定数になります。2文字目以降は小文字も大文字も使えます。

まとめ

- オブジェクトは、Rubyの世界での「もの」
- オブジェクトには文字列オブジェクト、整数オブジェクト、小数オブジェクトなどがある
- 変数はオブジェクトに貼る名札で、名札を貼ることを変数へ代入するという
- 変数が使われるときは、先にその変数に代入しておいたオブジェクトとして扱われる
- 変数名の先頭は英字小文字または_で始め、英字、数字、_を使うことができる
- #{計算式}と書くことで計算結果を文字列の中に埋め込める

CHAPTER 2 かんたんなプログラムを書く

2-4 プログラムにコメントを書く

将来プログラムを読んだときのために、理解を助ける説明文を書いておくと便利なことがあります。プログラムの中に説明を書くことができるコメントについて説明します。

☕ コメントにする

`#`から書き始めた行はコメントになります。コメントはプログラムとして実行されません。以下のプログラムを見てみましょう。

● comment1.rb

```
1: puts 1
2: #puts 2
```

```
ruby comment1.rb ⏎
1
```

実行結果を見ると、1だけが表示されています。1行目の **puts 1** は実行されますが、2行目の **#puts 2** は `#` から始まるためコメントとなり、実行されません。

`#`に続いて日本語を書くこともできます。`#`の後はプログラムとして実行されないので、プログラム以外も書けるのです。

● comment2.rb

```
1: # BMIの計算
2: puts 60.0 / (1.7 * 1.7)
```

```
ruby comment2.rb ⏎
20.761245674740486
```

58

行の途中からコメントにする

`#`は行の先頭だけでなく、行の途中から書くこともできます。行の途中から書いた場合、`#`よりも後ろに書かれた部分がコメントとなり、実行されなくなります。

- comment3.rb

```
1:  puts 1 + 3 # + 5
```

```
ruby comment3.rb ⏎
4
```

このプログラムは行の途中に`#`があるため、それ以降（ここでは`+ 5`）はコメントとなり実行されません。プログラムとしては`puts 1 + 3`と同じになります。

空行は無視される

プログラム中には何も書かない行である空行を入れることもできます。実行するときに空行は無視されます。プログラムを読みやすくするための区切りとして使えます。

- blank.rb

```
1:  # 足し算の例
2:  puts 2 + 3
3:              ——— 空行は無視される
4:  # 掛け算の例
5:  puts 2 * 3
```

```
ruby blank.rb ⏎
5
6
```

数行に渡ってコメントにする Challenge

長い行をまとめてコメントにする場合、各行頭に`#`を書くのが大変なときもあります。その場合は、`=begin`から`=end`で囲むと、その範囲はコメントとして扱われます。

- comment4.rb

```
1:  puts 1
2:  =begin
3:  puts 2
4:  puts 3
```

```
5: puts 4
6: =end
7: puts 5
```

```
ruby comment4.rb ⏎
1
5
```

　このプログラムでは、`=begin`行から`=end`行までがコメントとなり、実行されません。実行されるのは`puts 1`と`puts 5`の行だけになります。`=begin`と`=end`は`#`とは異なり、行の先頭から書く必要があるので注意してください。

- `#`から書き始めた行はコメントになる
- コメントはプログラムとして実行されない
- `#`は行の途中にも書くことができ、その後ろがコメントになる
- 空行は無視される

2-5 対話的に実行する

ここまでは、プログラムが書かれたファイルをRubyに渡して、まとめて実行させていました。こうしたやり方のほかに、入力したプログラムを1行ずつその場ですぐに実行させることができるirbという道具もあります。irbを使うと、1行ずつ結果を見ながらプログラムを実行していくことができます。

irbの使い方

さっそくirbを使ってみましょう。コマンドプロンプトから `irb` と実行することでirbが起動します。

```
irb ⏎
irb(main):001:0>
```

`irb(main):001:0>` と書かれた右側に、Rubyのプログラムを入力して Enter キーを押すと、実行して結果を表示します。まずは、`1 + 2` を実行してみましょう。

```
irb(main):001:0> 1 + 2 ⏎
=> 3
irb(main):002:0>
```

結果は次の行に `=>` 記号の右側に表示されます。`puts` メソッドなど、画面に表示するメソッドを使わなくても表示されます。また、新しい行が表示されて入力待ちの状態となります。続けてここで次のプログラムを実行することができます (以降の表記は、数字の部分は `001` で固定します。実際は、実行するごとに数字が増えていきます)。

変数を使うこともできます。また、irbでは変数を書くだけで代入されたオブジェクトを表示します。

```
irb(main):001:0> x = 2 ⏎
=> 2
irb(main):001:0> x ⏎
=> 2
irb(main):001:0> x * 3 ⏎
=> 6
```

irbを終了する場合は exit と入力して Enter キーを押します。

```
irb(main):001:0> exit ⏎
```

終了すると、元のコマンドプロンプトへ戻ります。irbの世界ではRuby言語を話し、コマンドプロンプトの世界ではshell言語を話します(shellについてはP.37参照)。違う世界の言語で命令しても、言葉が通じないのでうまく動きません。次の例は、うまく動かない例です。

```
x = 2 ⏎           ──── Ruby言語をコマンドプロンプト(shell言語)の世界で実行しようとしている
sh: command not found: x ──── エラー
```

また、Windowsでirbを使うと"カフェラテ"といった日本語が入力できないことがあります。そのときはirbの起動時に `irb --noreadline` とオプションをつけてみてください。

☕ プログラムの途中で一時停止してirbを使う

さきほどはirbをコマンドプロンプトから起動して使う方法を説明しました。irbには、プログラムの途中で一時停止して起動する方法もあります。以下のプログラムを実行してみましょう。

● birb.rb

```
1: require "irb"   ──── ※Ruby 2.4ではこの行を書いてください。Ruby 2.5以降ではこの行は省略可能です
2: a = 1
3: binding.irb
4: puts a
```

```
ruby birb.rb ⏎
From: birb.rb @ line 3 :

    1: require "irb"
    2: a = 1             ──── Rubyのバージョンによって、表示は異なることがあります
 => 3: binding.irb
    4: puts a

irb(main):001:0>
```

実行すると、`binding.irb`の行まで実行してプログラムが一時停止し、irbが起動します。コマンドプロンプトからirbを起動したときと同じように、ここからRubyのプログラムを入力して実行することができます。

`binding.irb`の前までのプログラムが実行された状態で一時停止するので、変数の内容を確認することもできます。irbで変数名`a`を入力して実行すると、前に代入されている`1`が表示されます。

> この機能はRuby 2.4以降で利用できます。Ruby 2.3以前の場合は、コマンドプロンプトで`gem install pry`（Macに初期インストールされたrubyを使っているときは`sudo gem install pry`）と実行してインストールしたあとで、`require "irb"`の替わりに`require "pry"`を、`binding.irb`の替わりに`binding.pry`を書いてください。
>
> 　gemについての詳細は、P.236以降で解説します。

既にある変数に別のオブジェクトを代入することもできます。変数`a`に`2`を代入してみましょう。そのあとで`exit`を実行し、irbによる一時停止から抜け、プログラムを再開してみましょう。

```
irb(main):001:0> a = 2 ⏎ ——— 変数aへ2を代入
=> 2
irb(main):001:0> exit ⏎
2 ——— プログラムが再開し、その後の行のputs aが実行されると、irbで代入した変数aの値が表示される
```

プログラム中でirbを使うためには`binding.irb`を、プログラムの実行を一時停止したい場所へ書きます（Ruby 2.4では加えて`require "irb"`を`binding.irb`より前に書きます）。

この機能は、次の節で説明する、プログラムの間違いを見つけて直すのにも便利です。pメソッドのように変数の中身を表示したり、変数に代入されているオブジェクトを変えたり、ほかのプログラムを実行することもできます。

- irbを使うと1行ずつ入力したプログラムをその場ですぐに実行できる
- irbを終了する場合は`exit`と入力して Enter キーを押す
- irbはRuby言語を話す世界、コマンドプロンプトはshell言語を話す世界

CHAPTER 2 かんたんなプログラムを書く

2-6 プログラムの間違いを見つけて直す

プログラムを書いて一度でうまく動かすのは簡単ではありません。プログラムが意図通り動いているかを確かめ、間違えている部分（バグ）を見つけて直していくことをデバッグと言います。プログラミングの作業で重要な工程の1つです。

pメソッドを使って変数の中身を表示させる

3 ÷ 2 × 2を計算するプログラムを以下のように書いて実行したところ、意図した答えは3でしたが、プログラムが出した答えは2になりました。

● p1.rb

```
1: a = 3 / 2
2: b = a * 2
3: puts b
```

```
ruby p1.rb ⏎
2
```

このプログラムがなぜ意図通り動かなかったのか、原因を調べることにします。問題があって動かない部分をバグと言い、その原因を調べて正すことをデバッグと言います。1行目の変数aには3 / 2で1.5が代入されているはずです。pメソッドを使って変数aを表示させてみましょう。pメソッドは後ろに書いた変数やオブジェクトを画面に表示するメソッドです。putsメソッドと似た機能で、デバッグの機会に使われます。何より1文字で短いので書くのがかんたんです。

● p2.rb

```
1: a = 3 / 2
2: p a          ──❶
3: b = a * 2
4: puts b
```

64

```
ruby p2.rb ⏎
1 ──────②
2
```

❶の行でpメソッドを使って変数aを表示させました。実行結果❷を見ると、1.5ではなく、1が表示されています。これは、整数 / 整数の計算結果は小数点以下が捨てられて整数になるためです。変数aに1ではなく、1.5を代入するには、3か2のどちらか、または両方を小数にすることで計算結果も小数になります。書き換えて実行してみましょう。

● p3.rb

```
1: a = 3.0 / 2.0
2: p a
3: b = a * 2
4: puts b
```

```
ruby p3.rb ⏎
1.5
3.0
```

途中で表示した変数aに1.5が代入されていることが確認でき、答えも意図通りの3.0になりました。最後に、デバッグのために追加したpメソッドを消して完成です。

● p4.rb

```
1: a = 3.0 / 2.0
2: b = a * 2
3: puts b
```

```
ruby p4.rb ⏎
3.0
```

このようにpメソッドを使って変数の中身を表示していく方法は、デバッグの基礎技術です。
ところで、pメソッドとputsメソッド、どちらも画面に表示するメソッドですが、どのように使い分ければ良いでしょうか？ pメソッドは原則、デバッグの道具として使います。プログラムの機能として意図して表示するときにはputsを使います。pメソッドの方がデバッグ用に見やすい表示をするため、2つのメソッドの表示結果が異なることもあります。

- pメソッドは後ろに書いた変数やオブジェクトを表示する
- pメソッドは原則、デバッグの道具として使う

CHAPTER 2　かんたんなプログラムを書く

2-7 エラーメッセージを読み解く

　この節では実際にエラーを起こして、そのときのメッセージの読み方と対応方法を説明します。ここでいろんなエラーに対応する経験を積んでおきましょう。エラーが起こったときの対応はP.40でも説明しているので、あわせて参考にしてください。

 エラーメッセージの読み方

　プログラムを打ち間違えていたり、Rubyが処理に困ったりしたときにはエラーになります。エラーになると意図通り動かないので悲しい気持ちになりますが、エラーメッセージはRubyからプログラマーである私たちへの思いやりあるさまざまなヒントです。また、エラーが起きてもパソコンは壊れないので安心してください。プログラムを修正して、意図した動きに少しずつ近づけていくのが普通のプログラミングの流れです。

　エディターで次のプログラムを書いて保存してください。`puts`を`put`としてエラーを起こすようにしています。

● hi.rb

```
1: put "hi"
```

```
ruby hi.rb ⏎
Traceback (most recent call last):
hi.rb:1:in `<main>': undefined method `put' for main:Object
  (NoMethodError)
Did you mean?  puts
               putc
```

　エラーが起こると、ヒントとしてエラーメッセージが表示されます。それぞれの内容について細かく確認していきます。

```
Traceback (most recent call last):
```

66

1行目のメッセージは、本書では深く解説しません。また、Ruby 2.4以前では表示されません。

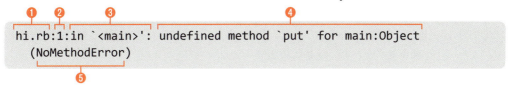

❶の`hi.rb`は実行したファイル名です。❷のコロン（`:`）で区切られた1の数字が最も重要な情報で、プログラムの何行目でエラーが起きたのかを教えてくれます。

❸の`in '<main>':`は今回は得られる情報が少ないので説明を省略します。

❹の`undefined method 'put' for main:Object`はエラーメッセージの本文です。`undefined method 'put'`は日本語にすると「定義されていないメソッド`'put'`」となり、「`put`メソッドを実行しようとしたが、定義（用意）されていないので困りました」というRubyからのメッセージが書かれています。

❺の`()`で囲まれた`NoMethodError`がエラーの名前で、メソッド（ここでは`put`）が用意されていないときに起こるエラーです。

ここまでの内容をまとめると、「1行目に書かれた`put`メソッドは定義されていません」の意になります。

```
Did you mean?  puts
               putc
```

`Did you mean?`以降はRubyからの提案が書かれています。「`Did you mean?`」は日本語にすると「もしかして？」という意味です。後ろに書かれた`puts`と`putc`がRubyからの提案です。

エラーメッセージ全体では以下のようになります。

「`hi.rb`の1行目に書かれた`put`メソッドは定義されていません。もしかして、`puts`や`putc`ではないですか？」

自分のプログラムを見直してみると、`puts`と書きたいところを`put`と書いています。Rubyが提案してくれた通り、`puts`に書き直すことでプログラムは意図通りに動くようになりました。

- **hi2.rb**

```
1: puts "hi"
```

```
ruby hi2.rb ⏎
hi
```

今回はエラーメッセージを読むことで書き間違いに気づくことができました。エラーメッセージを読み解くことは、デバッグをする上で基礎となる重要な技術です。

いろいろなエラーメッセージを体験する

　ここでは、さまざまなエラーメッセージの例を紹介します。エラーを体験して慣れておきましょう。また、この本を進めていて、見知らぬエラーメッセージが出たときに、このページへ戻ってきて読むと解決のヒントになるかもしれません。

●変数の名前を間違えた

　変数`x`に`1`を代入して、それを表示するプログラムを書くところ、間違えて変数`y`を表示しようとしたケースです。

- `xy.rb`

```
1: x = 1
2: p y
```

```
ruby xy.rb ⏎
Traceback (most recent call last):
xy.rb:2:in `<main>': undefined local variable or method `y' for
  main:Object (NameError)
```

　`xy.rb`の2行目でエラーが発生しました。`undefined local variable or method 'y'`（定義されていない変数またはメソッド`'y'`）です。`NameError`（名前エラー）です。

●0で割り算した

　0で割り算をするとエラーが発生します。

- `0div.rb`

```
1: p 1 / 0
```

```
ruby 0div.rb ⏎
Traceback (most recent call last):
        1: from 0div.rb:1:in `<main>'
0div.rb:1:in `/': divided by 0 (ZeroDivisionError)
```

　`0div.rb`の1行目でエラーが発生しました。`divided by 0`（0での割り算）です。`ZeroDivisionError`（0除算エラー）です。

●実行するファイル名が違う

　`abc.rb`を実行しようとして`ab.rb`という存在しないファイルを指定したときのエラーです。

- `abc.rb`

```
1: puts "abc"
```

```
ruby ab.rb ⏎
Traceback (most recent call last):
ruby: No such file or directory -- ab.rb (LoadError)
```

No such file or directory（このようなファイルやフォルダはない）です。ab.rb というファイルです。LoadError（読み込みエラー）です。

- エラーメッセージはRubyからプログラマーである私たちへのさまざまなヒント
- エラーメッセージには実行しているファイル名、行番号、エラーの種類と内容、修正候補の情報がある

練習問題

2-1

問1 2 + 3 を計算して画面に表示してください。

問2 半径2cmの円の面積を求めてください。円の面積は半径 × 半径 × 3.14 とします。

2-2

問3 文字列 "Ruby" を表示してください。

問4 文字列 "abc" と文字列 "def" をつなげて表示してください。

問5 文字列 "123" と文字列 "456" の両方を整数に変換し、さらに足し算した結果を表示してください。

2-3

問6 300円のコーヒーに、100円のエスプレッソショットを2つ加えた金額を表示してください。表示は以下のようにしてください。

コーヒー：300円
合計：500円

問7 問題6のプログラムを書き終えたあなたがコーヒーを飲んで一息つくと、突然コーヒーが400円へ値上がりしました！ プログラムを書き換えてください。

2-6

問8 300円のコーヒーを2杯注文したときの消費税を計算した次のプログラムがあります。途中でpメソッドを使って、300円のコーヒー2杯の値段を表示してください。

● **calc_tax.rb**

```
1: total = 300 * 2
2: tax = total * 0.08
3: puts tax
```

2-7

問9 300円のコーヒー2杯の値段を計算しようとする、エラーを含む次のプログラムがあります。実行してエラーを起こしてください。エラーメッセージなどを参考にプログラムを正しく修正してください。

● **calc.rb**

```
1: total = 300 * 2
2: puts t
```

CHAPTER

3

処理の流れを変える

"ときどき*if*はベルベットのロープを張って群衆整理をする。二重の等号は赤いカーペットのわきに張られた短いロープで、*true*だけが通ることを許されている。"

── _whyの（感動的）rubyガイド 第4章より

　ここまでのプログラムは1本道で順番に実行していくものでした。プログラムは条件によって分岐し、異なる処理を実行することができます。この章では、条件を判断する方法と、それによって処理を分岐する方法を説明します。また、同じ処理を繰り返す方法も説明します。
　条件分岐も、繰り返しも、よく使われる便利な部品なので、これらを使うとプログラムで解決できる問題の範囲がぐっと広がります！

1	条件を判断する	P.72
2	条件を満たしたときに処理をする	P.77
3	条件を満たさないときにも処理する	P.82
4	複数の条件を組み合わせる	P.86
5	複数の道から1つを選んで分岐する	P.91
6	なんども繰り返す	P.95

CHAPTER 3　処理の流れを変える

3-1　条件を判断する

今までのプログラムは決まった処理を決まった順で進んでいく、一本道のプログラムでした。次は、プログラムを条件によって分岐させます。この節で説明する条件を判断する方法と、次の節のifをあわせて使うと、条件によって処理を実行する・しないを切り替えることができます。

プログラム風の日本語を書く

　題材として、「もし、財布に300円以上入っていたら、コンビニでアイスを買っていこう！」プログラムを書くことにします。

　いきなりプログラムを書き始めるのは難しいので、どのように書けばいいのかの見当をつけるために、プログラム風の日本語から書いてみましょう。「もし、財布に300円以上入っていたら、コンビニでアイスを買っていこう！」という日本語の文を、プログラム風に書くと次のようになります。

```
もし　財布に300円以上入っていたら
　　コンビニでアイスを買っていこう！
ここまで
```

　この文は、3つの部分に分解できます。「もし、ここまで」、「財布に300円以上入っていたら」、「コンビニでアイスを買っていこう！」の3つです。それぞれの部分を、対応したプログラムの部品で置き換えていくことが、プログラムを書くことになります。プログラムにはさまざまな部品がありますが、どのような部品があるかはこの後いろいろと紹介していきます。今回はこのプログラム風の日本語からスタートして、これを動作可能なプログラムへと書き換えていきましょう。

　「もし」をプログラムとして書くときには if という部品を使います。if はこの章の主役とも言える重要な部品です。次の節で詳しく説明するので、ここではこのままにしておきます。また最後の「ここまで」は「もし」とセットで使うので、これも次の節で説明します。

　「財布に300円以上入っていたら」は、処理を変えるための「条件」となる部分です。実際に「財布に300円以上入っている」ときを、「条件を満たす」といいます。この後にこの部分のプログラ

ムを書くことにするので、ここではそのままにしておきます。

「コンビニでアイスを買っていく」は、条件を満たしたときの処理です。ここでは前に出てきた`puts`メソッドを使って"コンビニでアイスを買っていこう！"という文字列を画面に表示させることにします。

 もし　財布に300円以上入っていたら
  `puts`　"コンビニでアイスを買っていこう！"
 ここまで

では、条件「財布に300円以上入っていたら」の部分からプログラムを書き始めてみましょう。

大きさを判断する

条件「財布に300円以上入っていたら」を書くために必要な道具として「比較メソッド」を説明します。

最初に、比較メソッドのかんたんな例から始めましょう。ここでは、2つの数の大きさを比較するプログラムを、比較メソッドを使って書いてみます。

● **gtlt.rb**

```
1: puts 1 < 2
2: puts 1 > 2
```

```
ruby gtlt.rb ⏎
true
false
```

`<`と`>`が比較メソッドです。大きさを比較します。算数での意味と同じですね。1行目の`1 < 2`ように、算数での不等号が成り立つならば`true`を返します。2行目の`1 > 2`のように、成り立たないならば`false`を返します。ここでの「返す」は、「実行結果で置き換えられる」といった意味です。置き換えられた結果が`puts`メソッドによって表示されます。

これまでに出てきた数値や文字列と同じように、`true`や`false`もオブジェクトの一種です。`true`は「正しい」ことを表すオブジェクトです。`1 < 2`は正しいので`true`となります。`false`は「正しくない」ことを表すオブジェクトです。`1 > 2`は正しくないので`false`となります。比較メソッドは左右の数値や文字列を比較して、条件を満たせば`true`、満たさなければ`false`を返します。

`<`と`>`に加えて、等しいときにも条件を満たす比較メソッド`<=`や`>=`もあります。算数での≦と≧に相当します。`>=`のように`>`を先に書くことに注意してください。`=>`のように先に`=`を書いたものは、ほかの意味で使われているため、今回の意図では使えません。

● gele.rb

```
1: puts 1 <= 2
2: puts 2 >= 2
```

```
ruby gele.rb ⏎
true
true
```

　比較メソッドを使って、条件「財布に300円以上入っていたら」を書いてみましょう。比較メソッドで比較したい2つのものは、「財布の残金」と「300円」です。財布の残金は変わるものなので、変数 `wallet` を使って表すことにしましょう。wallet は英語で財布の意味です。`wallet` と、`300` を比較メソッド `>=` を使ってつなげます。財布の中に500円あるとして、条件「財布に300円以上入っていたら」のプログラムを書いてみましょう。

● wallet500.rb

```
1: wallet = 500          ──── 財布の残金を表す変数walletに500を代入
2: puts wallet >= 300    ──── walletが300以上かの条件
```

```
ruby wallet500.rb ⏎
true
```

　`wallet >= 300` が「財布に300円以上入っていたら」を表すプログラムです。変数 `wallet` には財布の残金である `500` が代入されています。`500` は `300` 以上なので、`wallet >= 300` は `true` を返します。

　条件を満たさないときのプログラムも書いて動きを確かめてみましょう。1行目の `wallet` へ代入している行を書き換えて、財布に100円入っているプログラムにします。

● wallet100.rb

```
1: wallet = 100          ──── 財布の金額を表す変数walletに100を代入
2: puts wallet >= 300    ──── walletが300以上かの条件
```

```
ruby wallet100.rb ⏎
false
```

　今度は条件「財布に300円以上入っていたら」を満たさないので、`wallet >= 300` は `false` を返します。意図通り動いていますね。

　2つのプログラムの違いは1行目の `wallet = 500` と `wallet = 100` だけです。2行目の条件 `wallet >= 300` はそのまま変わらないのに、結果が `true` から `false` に変わりました。財布の状態を表す変数 `wallet` によって、比較メソッドの結果を変えることができたのです。比較メソッドと次の節で説明する `if` を組み合わせることで、プログラムを分岐できます。

条件「財布に300円以上入っていたら」のプログラム`wallet >= 300`を書くことができました。これを使ってプログラム風の日本語を更新すると以下のようになります。

```
もし wallet >= 300
  puts "コンビニでアイスを買っていこう！"
ここまで
```

 ## 等しいことを判断する

先に進む前に、ほかにも紹介したい便利な比較メソッドがあります。

等しいかどうかを判断する比較メソッドです。Rubyでは`==`のように、`=`を2つつなげて書きます。算数では1つだけの`=`ですが、これは、前に出てきた「変数への代入」の機能として、すでに使われているため、別の表現になっています。

● eq.rb

```
1: puts 1 == 2
2: puts 2 == 2
3: puts 2 == 1 + 1
```

```
ruby eq.rb ⏎
false
true
true
```

等しくないときに`true`を返す`!=`もあります。算数での≠に相当します。

● ne.rb

```
1: puts 1 != 2
2: puts 2 != 2
```

```
ruby ne.rb ⏎
true
false
```

`==`や`!=`は、数値オブジェクトだけでなく、文字列オブジェクトを比較することもできます。

● eqstr.rb

```
1: puts "ruby" == "ruby"
2: puts "ruby" != "ruby"
3: puts "ruby" == "xxx"
```

```
ruby eqstr.rb ⏎
true
false
false
```

COLUMN

末尾に?がつくメソッド

ときどき末尾に?がつくメソッドがあります。たとえば、even?メソッドは偶数かどうかを判断してtrueかfalseを返します。

● even.rb

```
1:  puts 2.even? #=> true
2:  puts 3.even? #=> false
```

2は偶数なのでtrueを返し、3は偶数ではないのでfalseを返します。奇数かどうかを判断するodd?メソッドもあります。こちらもtrueかfalseのどちらかを返します。

慣習的に、末尾に?がつくメソッドはtrueかfalseのどちらかを返すことが多いです。<や==などの比較メソッドと同じように使うことができます。

まとめ

- 比較メソッドはその左右にあるものを比較して、条件を満たせばtrue、満たさなければfalseを返す
- > < >= <=は大きさをくらべる比較メソッド
- == !=は等しいかどうかを判断する比較メソッド
- 等しいかどうかの判断は==（=が2つ）、変数への代入は=（=が1つ）

3-2 条件を満たしたときに処理をする

前節では、条件を判断する方法を学びました。次は、条件によって実行する処理を変えるifを説明します。この2つを組み合わせることで、条件によって分岐するプログラムを書くことができます。

if - 条件を満たすとき

前の節では、「もし、財布に300円以上入っていたら、コンビニでアイスを買っていこう！」というプログラムのうち、比較メソッドを使った条件の部分を書きました。プログラム風の日本語は以下のようになりました。

```
もし wallet >= 300
   puts "コンビニでアイスを買っていこう！"
ここまで
```

これをプログラムとして動くように完成させていきましょう。「もし」は`if`を使います。`if`はこの章の主役とも言える重要な部品です。最後の「ここまで」は`end`を使います。`end`は`if`とセットで使われ、条件を満たしたときに実行する処理がここまでであることを表します。

- `if`

```
if 条件
   条件が成立した時の処理
end
```

「もし」を「`if`」に、「ここまで」を「`end`」に置き換えてみましょう。

```
if wallet >= 300
   puts "コンビニでアイスを買っていこう！"
end
```

CHAPTER 3　処理の流れを変える

これで「もし、財布に300円以上入っていたら、コンビニでアイスを買っていく」プログラムが書けました！　財布に500円が入っている状態をつくって、プログラムを実行してみましょう。

● `if1.rb`

```
1: wallet = 500          ―❶
2: if wallet >= 300      ―❷
3:   puts "コンビニでアイスを買っていこう！"  ―❸
4: end                   ―❹
```

```
ruby if1.rb ⏎
コンビニでアイスを買っていこう！
```

コンビニでアイスを買っていこう！が表示されれば成功です！
❶で財布残金の変数`wallet`へ`500`を代入しています。財布に500円が入っている状態です。
❷の行から❹の行までが`if`式です。`if`の後ろにスペースを空けて、条件`wallet >= 300`を書きます。変数`wallet`の値は`500`なので、`500 >= 300`となります。`500`は`300`以上なので、比較メソッドは`true`を返し、条件を満たします。条件を満たすと❸の`puts "コンビニでアイスを買っていこう！"`が実行されます。❹の`end`はここまでで`if`式を終わらせる合図です。条件を満たしたときに実行する処理は、「`if`の次の行」から「`end`の前の行」までに書きます。この例では1行ですが、複数行を書くこともできます。

ここまでのまとめとして、さきほど書いた`if`を使ったプログラムの動きをイメージ図でみてみましょう。条件を満たすときと、満たさないときで、進む道が変わります。

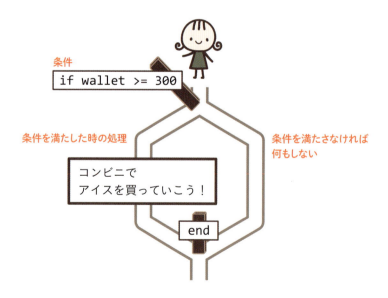

❸の`puts "コンビニでアイスを買っていこう！"`の行は先頭にスペースが入って一段下がっていることに注意してください。この段のことを「インデント」、一段下げることは「インデントを下げる」と言います。条件を満たしたときに実行するプログラムは、インデントを一段下げる

78

慣習になっています。インデント一段のスペースの数にはいくつかの流派がありますが、2個にすることが多いです。

インデントは実行には影響しません。つまり、インデントはコンピュータのために書くのではなく、人間のために書くものです。プログラムが複雑になると、endを続けて2つ3つと書くこともあります。endを書き忘れるとエラーになりますが、そのときのエラーメッセージは原因に気づきづらいものです。そんなときでも、正しくインデントを書いておけばエラーにすぐ気づけるケースはたくさんあります。インデントはプログラムを読みやすくするもので、自分を含めたプログラマーへの思いやりなのです。

後置if（if修飾子）

後置if（if修飾子）と呼ばれる、if式のちょっと便利な書き方があります。if1.rbを後置ifで書くと以下のようになります。

- if_post.rb

```
1: wallet = 500
2: puts "コンビニでアイスを買っていこう！" if wallet >= 300
```

```
ruby if_post.rb ⏎
コンビニでアイスを買っていこう！
```

後置ifを使うと、ifからendまで複数行で書いたプログラムを1行で書くことができます。後置ifではendを書く必要がありません。条件を満たしたときの処理が1行に収まるときに使うと、プログラムを短く読みやすく書くことができます。

if - 条件を満たさないとき

次に、ifの条件を満たさないプログラムを書いてみましょう。1行目をwallet = 100に書き換えて、財布の残金を100円にします。2行目から後ろ、if式はさきほどのプログラムそのままです。

- if2.rb

```
1: wallet = 100
2: if wallet >= 300
3:   puts "コンビニでアイスを買っていこう！"
4: end
```

```
ruby if2.rb ⏎
            ──── 何も表示されません
```

先ほどのプログラムと違い、実行しても何も表示されません。`wallet >= 300`が`false`を返すので、条件が満たされず、`puts "コンビニでアイスを買っていこう！"`は実行されません。条件が満たされないときは、何も実行せずに`end`の次の行へ処理が進みます。

`if`の条件が満たされないケースは2つあります。1つは`false`のとき、もう1つは`nil`のときです。`nil`は後の章で出てくる、「何もない」ことを表すオブジェクトです。まとめると、「`if`式では`false`または`nil`は条件を満たさず、それ以外は条件を満たす」となります。

 ## unlessと！ Challenge

前節で「等しくない」かを判断をする`!=`を紹介しました。これを使って`if`式を書くと以下のようになります。

- **not_eq.rb**

```
1: x = 200
2: if x != 100
3:   puts "100ではありません"
4: end
```

```
ruby not_eq.rb
100ではありません
```

変数`x`の値は200なので、`x != 100`の結果は`true`になり、`if`の条件を満たします。

「等しくない」は`!=`のほかに、`if`と反対の働きをする`unless`を使って書くこともできます。`unless`は条件を満たさないときに処理を実行します。条件を満たすときは何も実行しません。

- **unless.rb**

```
1: x = 200
2: unless x == 100
3:   puts "100ではありません"
4: end
```

```
ruby unless.rb
100ではありません
```

変数`x`の値は200なので、`x == 100`の結果は`false`になります。`false`のときは条件が満たされないので、`puts "100ではありません"`が実行されます。

また、`unless`は`if`と同じように、後置で書くこともできます。上手に使うとプログラムを読みやすく書くことができます。

もう1つ、`true`と`false`を反転する`!`もあります。これを使うと次のように`unless`と`if`を交換することができます。`!`は変数やオブジェクトの前に書きます。

● `invert.rb`

```
1: x = false
2: unless x
3:   puts "unless: xはfalseです"
4: end
5: if !x
6:   puts "if: xはfalseです"
7: end
```

```
ruby invert.rb ⏎
unless: xはfalseです
if: xはfalseです
```

unlessの条件に書かれた変数xは、falseが代入されているので条件が満たされません。unlessは条件が満たされないときに処理を実行するので、`puts "unless: xはfalseです"`が実行されます。

また、ifの条件に書かれた!xの結果はtrueになり、条件を満たします。ifは条件を満たすときに処理を実行するので`puts "if: xはfalseです"`も実行されます。

- ifは条件を満たしたときに処理を実行し、条件を満たさないときは処理を実行しない
- ifの条件を満たしたときは、ifの次の行からendの前の行までの処理が実行される
- ifの条件を満たさないときは、endまでの処理は実行されずendの次の行へ進む
- 条件を満たしたときの処理は、インデントを下げて書く
- 条件はfalseまたはnilとなるときに満たされず、それ以外は条件を満たす
- unlessは条件を満たさないときに処理を実行し、条件を満たしたときは処理を実行しない

3-3 条件を満たさないときにも処理する

前節では、ifを使うと条件を満たしたときに処理を実行させることができることを学びました。今度は、条件を満たしたとき、満たさないときの2つに分岐させて、それぞれ違う処理をさせるプログラムを書いてみましょう。

条件を満たしたとき、満たさないときの2つに分岐する

さきほど書いたプログラム「もし、財布に300円以上入っていたら、コンビニでアイスを買っていく」は財布の残金が300円以上のときの処理、つまり、条件を満たした時の処理を書いたものでした。このプログラムでは財布の残金が少ないときに寂しい思いをしてしまいます。次は、「もし、財布に300円以上入っていたら、コンビニでアイスを買い、そうでなければ、川沿いを散歩する」のように、条件を満たした時と満たさない時の処理を両方書いて、条件によって分岐させましょう。これを図で描くと以下のようになります。

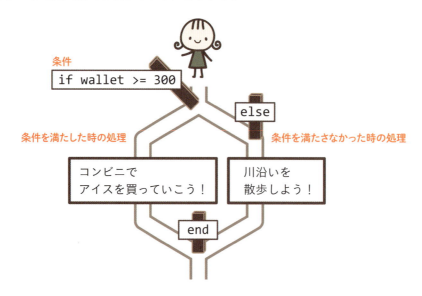

条件を満たすときと、満たさないときで、進む道が変わります。P.78のifの図と見くらべると、条件を満たさないときの道にも処理が加えられていることが分かります。また、図からも分かる

ように、これらの道は条件により、どちらかを選んで進むことになります。日本語で言うと二者択一です。両方の道を同時に通ることはありません。また、どちらも通らないということもありません。

 ## 条件を満たさないときの処理 – else節

「そうでなければ」の処理を書くにはelse節を使います。今回もプログラム風日本語を書いてから、プログラムにしてみましょう。

```
もし 財布に300円以上入っていたら
    コンビニでアイスを買っていこう！ を表示する
そうでなければ
    川沿いを散歩しよう！ を表示する
ここまで
```

- `else1.rb`

```ruby
1: wallet = 100          ──❶
2: if wallet >= 300      ──❷
3:   puts "コンビニでアイスを買っていこう！"
4: else                  ──❸
5:   puts "川沿いを散歩しよう！"  ──❹
6: end
```

```
ruby else1.rb ⏎
川沿いを散歩しよう！
```

❶で財布残金を表す変数walletには100を代入しました。このとき、❷の条件wallet >= 300を満たしません。❸のelse節が書かれていると、条件を満たさないときにelseからendまでの処理が実行されます。ここでは❹のputs "川沿いを散歩しよう！"が実行されます。

elseからendまでの「条件を満たさなかった時の処理」も先頭にスペースが入り、インデントを下げて書きます。次のプログラムは悪い例で、インデントを下げずに書いています。どこまでが条件を満たしたときの処理で、どこからが満たさないときの処理かを一目で理解するのは難しくなってしまいます。

- `no_indent.rb`

```ruby
1: wallet = 100
2: if wallet >= 300
3: puts "コンビニでアイスを買っていこう！"
4: else
5: puts "川沿いを散歩しよう！"
6: end
```

CHAPTER 3　処理の流れを変える

　これで財布の残金が少ないときも寂しくないプログラムになりました。では、変数`wallet`に代入する値を変えて、条件を満たしたときの動きも見てみましょう。

● else2.rb

```
1: wallet = 500           ──❶
2: if wallet >= 300       ──❷
3:   puts "コンビニでアイスを買っていこう！"  ──❸
4: else    ──❹
5:   puts "川沿いを散歩しよう！"
6: end     ──❺
```

```
ruby else2.rb ⏎
コンビニでアイスを買っていこう！
```

　❶で変数`wallet`には`500`が代入されているので、❷の`if`の条件`wallet >= 300`が満たされ、❸の"コンビニでアイスを買っていこう！"が表示されます。このとき、❹の`else`から❺の`end`までは実行されず、`end`の次の行へ処理が進みます。
　まとめると、`if`式に`else`節を加えたときの文法は次のようになります。

● else

```
if 条件
    条件を満たした時の処理
else
    条件を満たさなかった時の処理
end
```

 elsifと、組み合わせたif ⌈Challenge⌋

　`if`で分岐する先を3つ以上にすることもできます。それにはいくつかの方法がありますが、例えば`elsif`を使うことができます。`elsif`は`else`のときに別の条件をつづけて書くことができる部品です。次のプログラムをみてください。

● elsif.rb

```
1: season = "夏"          ──❶
2: if season == "春"
3:   puts "アイスを買っていこう！"  ──❷
4: elsif season == "夏"   ──❸
5:   puts "かき氷買ってこう！"
6: else    ──❹
7:   puts "あんまん買ってこう！"
8: end     ──❺
```

84

```
ruby elsif.rb
"かき氷買ってこう！"
```

もしもseasonが"春"ならば、❷のputs "アイスを買って行こう！"を実行して、❺のendへ処理が飛びます。season == "春"でないとき、2回目の条件判定❸のelsif season == "夏"を行います。ここで、seasonが"夏"であれば、次の行から❹のelseの前の行までを、"夏"でなければ❹のelseから❺のendまでを実行します。❶の変数seasonを"春"、"夏"、"秋"と変えて実行してみてください。

このプログラムは、if else節を2つ組み合わせて書いた次のプログラムと同じ動きをします。

● else_if.rb

```
 1: season = "夏"
 2: if season == "春"
 3:   puts "アイスを買っていこう！"
 4: else
 5:   if season == "夏"
 6:     puts "かき氷買ってこう！"
 7:   else
 8:     puts "あんまん買ってこう！"
 9:   end
10: end
```

```
ruby else_if.rb
"かき氷買ってこう！"
```

elsifは複数書くことも可能ですが、書きすぎると読みづらくなることもあります。このような場合は、書き換えで登場したifを組み合わせたプログラムを使ったり、以降の節で説明する&&、||およびcaseを使って読みやすく書けないかも検討してみてください。このプログラムはcaseを使うと読みやすく書けるでしょう。

読みやすいプログラムは、読み心地の良い物語のようにするすると意味が頭に入ってきます。プログラムはコンピュータのための物語であるとともに、人間のための物語でもあります。

- if else節を使うと、条件を満たす、満たさないによって、それぞれの処理を実行させることができる
- ifの条件を満たしたときは、ifの次から、elseの前の行までの処理が実行される
- ifの条件を満たさないときは、elseの次から、endの前の行までの処理が実行される
- ifやelseで実行する処理は、インデントを下げて書く

3-4 複数の条件を組み合わせる

「現金か、またはSuicaで300円持っていたらアイスを買おう」といったように、複数の条件を組み合わせて使うことは日常でもよくあるケースです。ここでは複数の条件によって分岐するプログラムを書いてみましょう。

どちらかの条件を満たすとき -「aまたはb」

「○○である、または、△△であるとき」のように、2つ以上の条件を判断するプログラムを書いてみましょう。「財布に300円以上の残金があるか、または、Suica残金が300円以上あるとき」という条件判断を考えます。

最初にプログラム風日本語を書いてみましょう。

```
もし 財布残金300円以上 または Suica残金300円以上
  コンビニでアイスを買っていこう！
ここまで
```

「もし〜ここまで」と「コンビニでアイスを買っていこう！」をプログラムに置き換えます。

```
if 財布残金300円以上 または Suica残金300円以上
  puts "コンビニでアイスを買っていこう！"
end
```

条件も比較メソッドを使って書けます。財布残金は`wallet`、Suica残金は`suica`という変数を使うことにします。

```
if wallet >= 300 または suica >= 300
  puts "コンビニでアイスを買っていこう！"
end
```

今回の主役は「または」の部分です。「または」を書くには `||` という記号を使います。私は「または」や「オア」と呼んでいます。

```
if wallet >= 300 || suica >= 300
  puts "コンビニでアイスを買っていこう！"
end
```

「または」で複数の条件を書くときの文法は次のようになります。

- ||

```
if 条件1 || 条件2
  条件を満たしたときの処理
end
```

条件1か条件2のどちらかを満たすと、条件を満たしたときの処理が実行されます。条件1と条件2の両方の条件を満たすときも、条件を満たしたときの処理が実行されます。

それではプログラムとして動かしてみましょう。

- or.rb

```
1: wallet = 100          ──── 財布残金
2: suica = 300            ──── Suica残金
3: if wallet >= 300 || suica >= 300
4:   puts "コンビニでアイスを買っていこう！"
5: end
```

```
ruby or.rb ⏎
コンビニでアイスを買っていこう！
```

2つの条件`wallet >= 300`と`suica >= 300`のどちらか一方（もしくは両方）を満たすときに、`puts "コンビニでアイスを買っていこう！"`を実行します。ここでは、変数`wallet`の値は100なので`wallet >= 300`の条件は満たしませんが、変数`suica`の値は300なので`suica >= 300`の条件を満たします。変数`wallet`と変数`suica`の値をいろいろ変えて、動きを試してみてください。たとえば、`if`式の条件を満たさないプログラムを書いてみてください。

また、ここで書いたプログラムは2つの条件を`||`でつなぎましたが、3つ以上の条件をつなぐこともできます。`wallet >= 300 || suica >= 300 || waon >= 300`と条件をつなげて書けます。

☕ 両方の条件を満たすとき -「aかつb」

「○○である、かつ、△△であるとき」のように、2つ以上の条件を判断します。先ほどの`a || b`は「aまたはbのどちらか一方（もしくは両方）を満たす」でした。今回は「aかつb」、つまり「aとbの両方を満たす」です。

題材として「財布に300円以上の残金があり、かつ、晴れている」という条件判断をするプログラムを書いてみましょう。

CHAPTER 3　処理の流れを変える

```
もし 財布残金300円以上 かつ 晴れている
    コンビニでアイスを買っていこう！
ここまで
```

前回と同じところと、個々の条件をプログラムに置き換えます。「晴れている」は変数`weather`を使って`weather == "fine"`と書くことにします。

```
if wallet >= 300 かつ weather == "fine"
  puts "コンビニでアイスを買っていこう！"
end
```

「かつ」を書くには`&&`という記号を使います。私は「かつ」や「アンド」と呼んでいます。

```
if wallet >= 300 && weather == "fine"
  puts "コンビニでアイスを買っていこう！"
end
```

● `&&`

```
if 条件1 && 条件2
   条件を満たしたときの処理
end
```

条件1と条件2の両方を満たすときに、条件を満たしたときの処理が実行されます。
プログラムとして動かしてみましょう。

● and.rb

```
1: wallet = 500         ──── 財布残金
2: weather = "fine"     ──── 天気は晴れ
3: if wallet >= 300 && weather == "fine"
4:   puts "コンビニでアイスを買っていこう！"
5: end
```

```
ruby and.rb ⏎
コンビニでアイスを買っていこう！
```

2つの条件`wallet >= 300`と`weather == "fine"`の両方を満たすと、`puts "コンビニでアイスを買っていこう！"`を実行します。言い換えると、どちらか一方でも満たせないと、条件を満たしたときの処理は実行されません。変数`wallet`と変数`weather`の値をいろいろ変えて試してみてください。

ここで書いたプログラムは2つの条件を`&&`でつなぎましたが、3つ以上の条件をつなぐこともできます。`wallet >= 300 && weather == "fine" && status == "hungry"`のように条件をつなげて書きます。

2つの条件aとbを`&&`と`||`でつないだとき、どのような値になるかを表にまとめると以下の

ようになります。

● &&と||

条件a	条件b	a && b	a || b
true	true	true	true
true	false	false	true
false	true	false	true
false	false	false	false

　この表は行ごとに横方向に読みます。1行目は、条件aがtrue、条件bがtrueのとき、a && bはtrue、a || bはtrueになることを示します。2行目は、条件aがtrue、条件bがfalseのとき、a && bはfalse、a || bはtrueになることを示します。

　図で表現すると、以下のようになります。条件aと条件bがtrue、falseであるときのa && bとa || bの結果のイメージです。

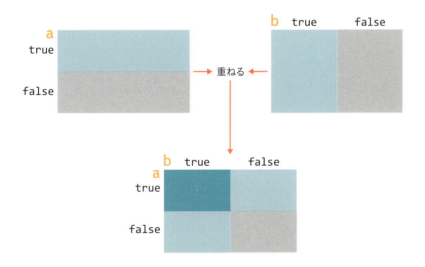

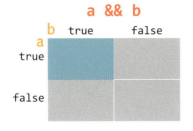

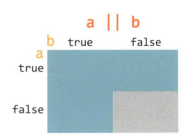

ifの条件に書けるもの [Challenge]

ここまでのプログラムではifの条件の部分に、たとえば比較メソッドのように、**true**または**false**を返すものを書いてきました。**true**であれば条件を満たし、**false**であれば条件を満たしませんでした。では、ifの条件にほかのものを書くとどうなるのでしょうか？ 実験してみましょう。

- if_experiment.rb

```
1:  if 100                    ―❶
2:    puts "100で成立しました"
3:  end
4:  if "abc"                  ―❷
5:    puts "abcで成立しました"
6:  end
```

```
ruby if_experiment.rb ⏎
100で成立しました
abcで成立しました
```

ifの条件として❶の数値オブジェクトの**100**や、❷の文字列オブジェクトの**"abc"**を書いても、つづく条件を満たしたときの処理である**puts**メソッドが実行されることが分かります。

ifの条件を満たすルールは「条件が**false**または**nil**は条件を満たさず、それ以外は条件を満たす」でしたね。**nil**は後の章で出てくる、「何もない」ことを表すオブジェクトです。今回のプログラムで書かれた条件**100**や**"abc"**は、**false**でも**nil**でもないので、ifの条件は満たされます。

- 「aまたはb」はa || bと書く。どちらか一方でも満たせば条件を満たす
- 「aかつb」はa && bと書く。両方を満たせば条件を満たす

3-5 複数の道から1つを選んで分岐する

注文がカフェラテ、モカ、コーヒーのいずれかでそれぞれ別の処理をしたい、そんな場面をプログラムにしていきます。caseを使うと複数の道から1つを選ぶプログラムを書くことができます。

複数の道から1つを選んで分岐する - case

プログラムを条件によって分岐させる方法には、ifのほかにcaseもあります。caseは条件によって複数の道から1つを選んで分岐するときに使います。1つのifは二者択一でしたが、caseは、選択肢が2つ、3つ、それ以上と、より多くの候補の中から1つを選んで分岐します。

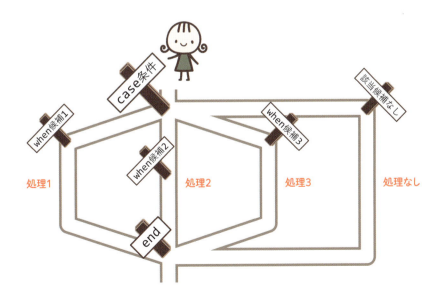

今回もプログラム風日本語から書いてみましょう。題材は、カフェでの注文によって値段を答えるプログラムです。

```
1つ選ぶ 変数が
  "カフェラテ" のとき
    300円です と表示
  "モカ" のとき
    350円です と表示
ここまで
```

「1つ選ぶ」は case と書きます。最後の「ここまで」は if と同じく end です。「変数が」のところは注文内容を代入した変数を書きます。ここでは変数 order を使います。また、「300円ですと表示」など条件を満たしたときに実行される行はインデントを下げます。if と似ていますね。

```
case order
  "カフェラテ" のとき
    puts "300円です"
  "モカ" のとき
    puts "350円です"
end
```

選択肢の「"カフェラテ"のとき」は when "カフェラテ" と書きます。「"モカ"のとき」も同様です。

```
case order
when "カフェラテ"
  puts "300円です"
when "モカ"
  puts "350円です"
end
```

これで case を使ったプログラムの完成です！ さっそく、動かしてみましょう！

● **case1.rb**

```
1: order = "モカ"
2: case order
3: when "カフェラテ"      ──❶
4:   puts "300円です"
5: when "モカ"           ──❷
6:   puts "350円です"    ──❸
7: end
```

```
ruby case1.rb ⏎
350円です
```

case につづけて書かれた変数 order と、以降の when につづく候補と合致するかを調べています。最初の候補は❶の when "カフェラテ" です。"カフェラテ" が変数 order の値と等しいかを調べます。変数 order は "モカ" なので、合致しません。次の候補は❷の when "モカ" で

す。"モカ"は変数orderの値と等しいです。候補に合致したので、when "モカ"の次の行からの処理❸のputs "350円です"を実行します。合致時の処理がすべて終わったので、endの次の行へ処理が進みます。

　処理の流れをもう少し説明します。変数orderの値がwhenにつづく候補の値に等しいか先頭から判定していき、等しいものがあれば、その次の行から続く処理を実行します。候補はいくつでも書くことができます。もしも複数の候補と合致するときは、最初に合致したwhen節のみ処理を実行します。また、いずれの候補とも合致しなければ、何も実行しません。

　変数orderに代入する値を"カフェラテ"、"パフェ"（whenの候補どれにも合致しないもの）と変えてみて、実行結果がどのように変わるかを試してみてください。また、今回は選択肢が2つでしたが、3つ以上に増やして書くこともできます。

　まとめると、caseの文法は以下のようになります。

● case

```
case 変数
when 候補1
    変数の値が候補1と等しいときの処理（複数行書くこともできる）
when 候補2
    変数の値が候補2と等しいときの処理（複数行書くこともできる）
（以下、候補をさらに追加できる）
end
```

複数の道に合致するものがないときの処理を書く

　caseは、どの候補とも合致しないときに実行するelse節を書くこともできます。ifとセットで使ったelse節と同じつづりです。

● case2.rb

```
1: order = "パフェ"
2: case order
3: when "カフェラテ"
4:     puts "300円です"
5: when "モカ"
6:     puts "350円です"
7: else
8:     puts "取り扱っていません"
9: end
```

```
ruby case2.rb ⏎
取り扱っていません
```

　このプログラムではcaseにつづく変数orderに"パフェ"が代入されていますが、whenで書かれている候補"カフェラテ"、"モカ"のいずれにも合致しないので、else節に書かれたputs "取り扱っていません"が実行されます。

caseは「1つの変数の値に応じて、複数の処理から1つを選んで実行する」ときに便利な書き方です。ifでも同じ処理は書けますが、caseの方がスッキリ書けるパターンがあります。

コツは、「ifは2つに分岐、caseは3つ以上に分岐」と考えることです。YES or NOやA or Bと二択のときはifから、A or B or Cと3択以上になったらcaseから考えてみてください。

また、ifを書いていて、同じ変数で何回も判定させているな、と感じたときはcaseを試してみてください。うまく書き換えられてスッキリ読みやすいプログラムになると良い気分になります！

COLUMN
caseのあとに変数を書かない使い方もある

caseには、ほかにも便利な使い方があります。caseの後に変数を書かず、whenのあとにifの条件と同じように条件などを書く使い方です。この使い方では、一致以外の条件を書くこともできます。

● case3.rb

```
1: wallet = 300
2: case
3: when wallet >= 500
4:   puts "モカにホイップトッピング"
5: when wallet >= 300
6:   puts "カフェラテ"
7: end
```

```
ruby case3.rb
カフェラテ
```

when節の条件を先頭のwhenから順に判定して、最初に条件を満たした箇所の処理を行います。変数walletに500を代入して動かした結果も確認してみてください。

- caseは「変数の値に応じて、複数の道から1つを選んで分岐する」処理
- 二択のときはifから、三択以上のときはcaseからと考えると良い

3-6 なんども繰り返す

ここでは、新しい機能である「繰り返し」を説明します。繰り返しはコンピュータの得意技です。人間と違って疲れることなく、なんどでも正確に処理を繰り返すことができます。繰り返しはプログラムの中で最もよく使う機能の1つです。繰り返しを使いこなせば、機械仕掛けの時計のような小気味よいプログラムを書くことができます。ここでは、回数を指定して繰り返すプログラムを説明をします。

決まった回数だけ繰り返す - times メソッド

"カフェラテ"を3杯注文する(3回画面に表示する)プログラムを書いてみます。今回もプログラム風日本語を書いてみます。

```
3回繰り返す　ここから
  "カフェラテ"を表示
ここまで
```

「3回繰り返す」は3.timesと書きます。「ここから」はdoと書きます。「ここまで」はendです。表示にはputsメソッドを使います。

● 3times1.rb

```ruby
3.times do          ——❶
  puts "カフェラテ"  ——❷
end                 ——❸
```

```
ruby 3times1.rb ⏎
カフェラテ
カフェラテ
カフェラテ
```

❶の3.times doから❸のendまでが今回の主役である繰り返しです。doとendのセットは「ブロック」と呼ばれる、処理のかたまりを書ける部品です。doの次の行からendの前の行まで繰り返し実行する処理を書きます。繰り返し実行するのは❷のputs "カフェラテ"です。ブ

ロックの中はインデントを1つ下げて書きます。ifではdoは書きませんでしたが、ブロックではdoを書くことに気をつけてください。

処理の流れを図で描くと以下のようになります。

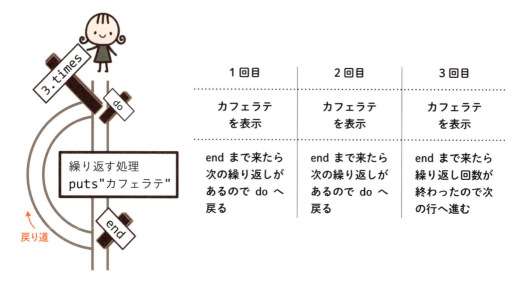

処理の流れを一歩ずつ追うと図のようになります。❶の`3.times do`の行から繰り返し処理が始まり、1回目の処理が行われます。繰り返し実行される処理は`do`から`end`のブロックの中に書かれた❷の`puts "カフェラテ"`で、画面にカフェラテが表示されます。❸の`end`へ到達すると次の繰り返しを実行するため、❶の`do`の行へ戻って2回目の繰り返し処理が実行され、画面にカフェラテが表示されます。❸の`end`へ到達すると次の繰り返しを実行するため、❶の`do`の行へ戻って3回目の繰り返し処理が実行されます。`end`へ到達すると、指定された回数の繰り返しが終了したので、`do`の行へは戻らず、❸の`end`の次の行へ処理が進んでいきます。

ブロックには、次のように複数行の処理を書くこともできます。

● block2line.rb

```
1: 3.times do
2:   puts "カフェラテ"
3:   puts "お願いします"
4: end
5: puts "注文は以上です"
```

```
ruby block2line.rb ⏎
カフェラテ
お願いします
カフェラテ
お願いします
カフェラテ
お願いします
注文は以上です
```

もしも、"カフェラテ"と３回繰り返し唱えるプログラムを、繰り返しを使わずに書き変えると次のようになるでしょう。

- **3puts.rb**

```
1:  puts "カフェラテ"
2:  puts "カフェラテ"
3:  puts "カフェラテ"
```

```
ruby 3puts.rb ⏎
カフェラテ
カフェラテ
カフェラテ
```

これくらいなら繰り返しを使わずに書いてもいいかも・・・と悪魔がささやくこともありますが、長い注文「ベンティアドエクストラソイエクストラキャラメルエクストラヘーゼルナッツエクストラホイップエクストラローストエクストラトッピングダークモカチップクリームフラペチーノ」ともなると、３回でも書くのが大変ですし、読むときには「３つ書かれているけど、全部同じかな・・・どこか違っているかも・・・」となり大変ですよね。

また、たとえば「29回繰り返す」ように変更したいときにも、繰り返しで書いておけば 3.times do end の 3 のところを 29 に変えるだけで繰り返し回数をかんたんに変えられるメリットもあります。重複がないように書いておいた方がメリットは多いのです。このように重複を避けてプログラムを書く習慣を DRY と言います。Don't Repeat Yourself の頭文字です。DRY なプログラムを心がけることで、読みやすく、メンテナンスしやすいプログラムになります。

まとめると、n回繰り返すプログラムは次のように書くことができます。

- **n.times do**

```
n.times do
    繰り返し実行する処理
end
```

 do end の代わりに { } を使う

さきほどのプログラムではブロックを書くときに do と end を使いました。代わりに { と } を使うこともできます。

- **3times2.rb**

```
1:  3.times {
2:     puts "カフェラテ"
3:  }
```

```
ruby 3times2.rb ⏎
カフェラテ
カフェラテ
カフェラテ
```

また、ブロックは1行で書くこともできます。

● 3times3.rb

```
1: 3.times do puts "モカ" end
2: 3.times { puts "カフェラテ" }
```

```
ruby 3times3.rb ⏎
モカ
モカ
モカ
カフェラテ
カフェラテ
カフェラテ
```

慣習的に、ブロックを複数行で書くときはdoとendを使い、1行で書くときは{と}を使うことが多いです。

● 3times4.rb

```
1: 3.times do
2:   puts "モカ"
3:   puts "ください"
4: end
5: 3.times { puts "カフェラテください" }
```

☕ 条件付き繰り返し while [Challenge]

「条件を満たしている間ずっと繰り返したい」ときにはwhileが使えます。

● while.rb

```
1: biscuit = 0
2: while biscuit < 2          ──❶ 繰り返す条件
3:   biscuit = biscuit + 1    ──❸ 変数biscuitの値に1を加えて再度代入する
4:   puts "ポケットを叩くとビスケットが#{biscuit}つ"
5: end  ──❷
```

```
ruby while.rb ⏎
ポケットを叩くとビスケットが1つ
ポケットを叩くとビスケットが2つ
```

　whileは条件を満たしている間、❶の`while biscuit < 2`から❷の`end`までの処理を繰り返します。条件は❶の`biscuit < 2`です。whileは最初に条件を満たしているかどうかを確認して、条件を満たしていれば`end`までに書かれている処理を実行します。`end`まで到達すると、再び条件を満たしているかを確認します。条件を満たしていれば、❶の`while`の行へ戻ってループを継続し、満たしていなければ`end`の次の行へ処理が進みます。

　`n.times`のときと違って、`do`を書かないことに気をつけてください。whileはブロックを使わずに、`while`と`end`のセットを使います。

　❸の`biscuit = biscuit + 1`はちょっと変わった書き方です。これは、既に代入している変数`biscuit`に、右辺の結果を新しい値としてもう一度代入します。最初の繰り返しのとき、`biscuit`は`0`が代入されているので`biscuit = biscuit + 1`は`biscuit = 0 + 1`となり、`biscuit`には新しい数値`1`が代入されます。言い換えると、「変数`biscuit`に代入されている数値に1を加えて、もう一度代入する」とも言えます。

　また、これはよく使われる処理なので別の短い書き方が用意されています。`biscuit = biscuit + 1`を`biscuit += 1`と書くこともできます。`biscuit += 1`の方が短く書けることもあり、こちらの書き方がよく使われています。

　繰り返し処理により、1回目は「ポケットを叩くとビスケットが1つ」を表示し、2回目は「ポケットを叩くとビスケットが2つ」を表示します。2回目の繰り返しが終わったときには変数`biscuit`の値は2になります。条件`biscuit < 2`を満たさなくなるため、それ以上の繰り返しはせず、`end`の次の行へ処理が進みます。

　whileの書き方は次のようになります。

● while

```
while 条件
    条件を満たしている間、繰り返し実行する処理
end
```

- `n.times`につづいて繰り返し処理のブロックを書く
- ブロックは`do`から`end`までのプログラムのかたまり
- `n.times`と書くとブロック内の処理をn回繰り返し実行する

CHAPTER 3　処理の流れを変える

　練習問題

3-1
問1 変数aが365よりも小さいかどうかを判定するプログラムを、比較メソッドを使って書いてください。そして、aに2を代入して実行してください。

問2 変数aと1 + 1が等しいかどうか判断するプログラムを、比較メソッドを書いてください。そして、aに2を代入して実行してください。

3-2
問3 変数seasonが"夏"ではないとき、「あんまんたべたい」と表示するプログラムを作成してください。変数seasonには"春"を代入するものとします。

問4 変数seasonが"夏"であるとき、「かき氷たべたい」「麦茶のみたい」と2行表示するプログラムを作成してください。変数seasonには"夏"を代入するものとします。

3-3
問5 変数walletが120以上であれば、「ジュース買おう」と表示し、そうでなければ「お金じゃ買えない幸せがたくさんあるんだ」と表示するプログラムを書き、変数walletには100を代入して実行してください。

3-4
問6 変数xが0以下、または、100以上のときに「範囲外です」と表示するプログラムを書いてください。変数xには200を代入するものとします。

問7 3つの変数x、y、zのうち、少なくとも1つが0よりも大きいときに「正の数です」と表示するプログラムを書いてください。それぞれ0、-1、1を代入するものとします。

3-5
問8 case式を使って、変数seasonが"春"のときは"アイスを買っていこう！"、"夏"のときは"かき氷買ってこう！"、それ以外のときは"あんまん買ってこう！"と表示するプログラムを書いてください。変数seasonには"春"を代入するものとします。

3-6
問9 次のように表示するプログラムを、繰り返しを使って書いてください。

```
カフェラテ
モカ
モカ
カフェラテ
モカ
モカ
フラペチーノ
```

CHAPTER 4

まとめて扱う - 配列

"スカンクの背中の白いストライプや曲がりくねった花嫁の白いすそのように、Rubyの品詞には、たいがい見分けるための手がかりとなる視覚的なヒントがある。"
── _whyの（感動的）rubyガイド 第3章より

メニューに並んだ商品、コーヒー豆の瓶の列、作られるのを待っている注文群。たとえばこんなカフェの場面のように、日常には「まとめられているものたち」がたくさんあります。Rubyでは「まとめられているもの（オブジェクト）たち」を扱うために、「配列」という部品が用意されています。

1	オブジェクトをまとめて扱う	P.102
2	要素を取得する	P.106
3	要素を追加・削除する	P.109
4	配列を繰り返し処理する	P.113

CHAPTER 4　まとめて扱う - 配列

4-1 オブジェクトをまとめて扱う

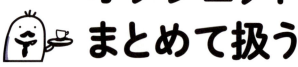

　メニューにはカフェラテ、モカ、コーヒー。オーダーの入った注文はケーキ、アイス、サンドイッチ。こんな風に、ばらばらで扱うよりもまとめて扱った方が便利な場面があります。Rubyでは「まとめられているもの（オブジェクト）たち」を扱うために、「配列」という部品が用意されています。まずは配列とはどんなものなのか？　から見ていきましょう。

配列とは

　配列はオブジェクトをまとめて扱う部品です。例として、メニューの一覧が"カフェラテ"、"モカ"、"コーヒー"のケースを考えます。これらを配列でまとめて書くと次のようになります。

```
["カフェラテ", "モカ", "コーヒー"]
```

　数値や文字列と同じように、配列自身もオブジェクトです。オブジェクトの種類のことをクラスと言います。整数クラスは`Integer`、小数クラスは`Float`、文字列クラスは`String`でした。配列のクラス名は`Array`です。`Array`は配列という意味の英単語です。配列のことを、配列オブジェクト、`Array`オブジェクト、あるいはそのまま配列と呼びます。

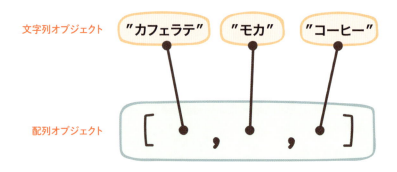

102

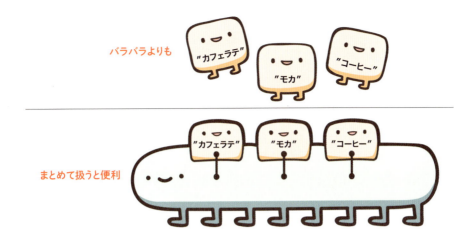

配列をつくる

　それではメニューの一覧を扱う配列を作って表示するプログラムを書いてみましょう。なお、実行の結果、文字化けするときは、["caffe latte", "mocha", "coffee"]のように、英字で置き換えてください。pメソッドは後ろに書いた変数やオブジェクトを画面に表示するメソッドです。

- array1.rb

```
1: p ["カフェラテ", "モカ", "コーヒー"]
```

```
ruby array1.rb ⏎
["カフェラテ", "モカ", "コーヒー"]
```

　配列は [で始まり、] で終わります。[と] の間にカンマ区切りで複数のオブジェクトを書くことができます。配列の中身である個々のオブジェクトを要素と呼びます。配列 ["カフェラテ", "モカ", "コーヒー"] は3つの要素 "カフェラテ" と "モカ" と "コーヒー" を持っています。

　配列へさらに新しい要素を追加することもできますし、配列から要素を削除することもできます。配列の大きさは要素の数にあわせて自動で拡大縮小するので、いくつでも要素を追加できます（ただし、コンピュータのメモリの量により上限があります）。追加と削除の方法は、またあとで説明します。
　種類の違うオブジェクトを1つの配列に入れることもできます。

- array2.rb

```
1: p ["カフェラテ", 400, 1.08]   ──文字列オブジェクト、整数オブジェクト、小数オブジェクトが入った配列
2: p [300]   ──要素が1つの配列
3: p []   ──要素が1つもない空の配列
```

```
ruby array2.rb ⏎
["カフェラテ", 400, 1.08]
[300]
[]
```

● 配列

```
[オブジェクト1, オブジェクト2, ...]
```

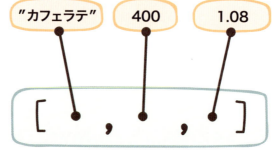

変数に代入して配列に名前をつける

　変数に代入して配列に名前をつけてみましょう。変数への代入は、ほかのオブジェクトのときと同じく、配列オブジェクトに名札をつけるイメージです。

● array3.rb

```
1: drinks = ["カフェラテ", "モカ", "コーヒー"]
2: p drinks
```

```
ruby array3.rb ⏎
["カフェラテ", "モカ", "コーヒー"]
```

　このプログラムでは変数`drinks`に配列`["カフェラテ", "モカ", "コーヒー"]`を代入しています。言い換えると、配列`["カフェラテ", "モカ", "コーヒー"]`に`drinks`という名前をつけているともいえます。「配列を代入した変数`drinks`」という言い方は冗長なので、「配列`drinks`」のように表記します。

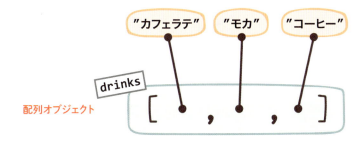

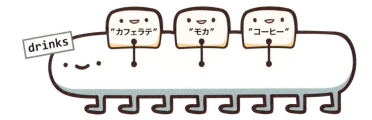

配列を代入する変数名は複数形にする

前のプログラムでは、変数に drinks と英単語の複数形を使っています。これは、配列を代入する変数は複数形にする慣習があるためです。配列の変数は、次の例のように複数形で名づけます。

● plural.rb

```
1: sugars = ["白砂糖", "黒糖", "角砂糖"]
2: coffee_beans = ["Brazil", "Kenya", "Nicaragua"]
3: even_numbers = [2, 4, 6]         even number：偶数
```

- 配列は複数のオブジェクトをまとめて扱う道具
- 配列は [で始まり、] で終わり、カンマ区切りで複数の要素を書くことができる
- 種類の違うオブジェクトを1つの配列へ入れることもできる
- [ ] は空の配列

CHAPTER 4　まとめて扱う - 配列

4-2 要素を取得する

前の節で配列の作り方を学びました。次は配列の要素を取得する方法を見ていきましょう。

配列の要素を取得する

　配列を作って、その要素を取得します。次のプログラムを実行してみてください。なお、プログラムの中の`#=>`以降はその行の実行結果を表しています。どの行の結果かがわかりやすいので、この後もこの表記を使います。

● drinks1.rb

```
1: drinks = ["コーヒー", "カフェラテ"]    ——— 配列オブジェクトへdrinksの名札をつける
2: puts drinks[0] #=> "コーヒー"
3: puts drinks[1] #=> "カフェラテ"
```

```
ruby drinks1.rb ⏎
コーヒー
カフェラテ
```

　あとから配列オブジェクトを使うために変数の名札をつけておきます。1行目で配列オブジェクト`["コーヒー", "カフェラテ"]`を変数`drinks`へ代入しています。
　`drinks[0]`、`drinks[1]`で配列の要素を取得します。変数の後ろに`[n]`を付けることで、配列の n 番目の要素を取得できます。少し変わっているのは、番号は 0 から始まることです。先頭の要素は 0 番目になります。したがって、`drinks[0]`は要素`"コーヒー"`を取得します。
　配列の要素を取得するときには、後ろから数えることもできます。後ろから数えるときは、マイナスの数を使います。一番後ろの要素が-1番目、その前が-2番目です。次のプログラムは後ろから数えている例です。

● drinks2.rb

```
1: drinks = ["コーヒー", "カフェラテ"]
```

```
2:  puts drinks[-1] #=> "カフェラテ"
3:  puts drinks[-2] #=> "コーヒー"
```

ruby drinks2.rb ⏎
カフェラテ
コーヒー

よく使われる配列の先頭と末尾の要素を取得するために、専用のメソッドが用意されています。`first`メソッドと`last`メソッドです。`first`メソッドは`[0]`と同じです。`last`メソッドは`[-1]`と同じです。`first`メソッドを実行すると先頭の要素を取得し、`last`メソッドを実行すると末尾の要素を取得します。メソッドを実行することをメソッドを呼び出すとも言います。なお、これらの配列を操作するメソッドは、`drinks.first`のように変数名の後ろにドット（`.`）をつけて書きます。

● drinks3.rb

```
1:  drinks =  ["コーヒー", "カフェラテ"]
2:  puts drinks.first #=> "コーヒー"
3:  puts drinks.last #=> "カフェラテ"
```

ruby drinks3.rb ⏎
コーヒー
カフェラテ

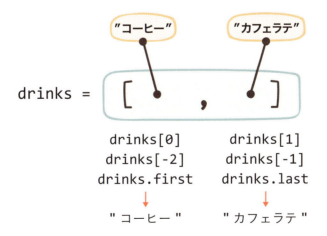

☕ 「何もない」ことを表すオブジェクト nil

配列は`[n]`でn番目（`0`はじまり）の要素を取得できます。もしも、nを大きくして、配列の要素数を超えた場合はどうなるでしょうか？ プログラムを書いて試してみましょう。

CHAPTER 4　まとめて扱う - 配列

● `nil.rb`

```
1: drinks = ["コーヒー", "カフェラテ"]
2: p drinks[2]
```

```
ruby nil.rb ⏎
nil
```

配列`drinks`の要素は2個なので、`drinks[0]`と`drinks[1]`には対応する要素がありますが、`drinks[2]`にはありません。`drinks[2]`を使おうとすると、`nil`というものが返ってきていることが分かります。

`nil`は、「何もない」ことを表すオブジェクトです。配列に対して、対応する要素がない場所から取得すると`nil`オブジェクトが返ります。また、`nil`オブジェクトは配列以外でも使われるので、このあともたびたび登場します。

COLUMN
変数を使わずにメソッドを呼び出す

`drinks.first`のように変数に対してメソッドを呼び出すだけでなく、オブジェクトに対して直接メソッドを呼び出すこともできます。同じオブジェクトへのメソッド呼び出しであれば、どちらも同じ結果が得られます。

● `direct.rb`

```
1: drinks = ["コーヒー", "カフェラテ"]
2: p drinks.first #=> "コーヒー"        ─── 変数に対してメソッドを呼び出す
3: p ["コーヒー", "カフェラテ"].first #=> "コーヒー"  ─── 配列オブジェクトへ直接
                                                    メソッドを呼び出す
```

変数を使わずに直接メソッドを呼び出すやり方は配列に限りません。これまでも、数値を文字列に変換する`3.to_s`や、同じ処理を3回繰り返す`3.times`などで、オブジェクトに対して直接メソッドを呼び出すやり方が登場していました。

- 配列は`[n]`や`[-n]`で要素を取得することができる
- nは先頭から数えるときは0始まり、末尾から数えるときは-1始まり
- 配列の先頭は`first`メソッド、末尾は`last`メソッドでも取得できる
- 配列の存在しない場所から要素を取得しようとすると`nil`オブジェクトが返る
- `nil`オブジェクトは「何もない」ことを表すオブジェクト

4-3 要素を追加・削除する

ここまでで出てきたプログラムは、配列を作ったあとは要素の数が変わらないものでした。次は作った配列に後から要素を追加したり、削除したりしてみましょう。

要素を追加する

配列へ要素を追加してみましょう。配列の末尾へ追加するには push メソッド、先頭へ追加するには unshift メソッドを使います。

● drinks4.rb

```
1: drinks = ["コーヒー"]
2: drinks.push("カフェラテ")         ❶配列の末尾に"カフェラテ"を追加
3: p drinks #=> ["コーヒー", "カフェラテ"]
4: drinks.unshift("モカ")           ❷配列の先頭に"モカ"を追加
5: p drinks #=> ["モカ", "コーヒー", "カフェラテ"]
6: drinks << "ティーラテ"            ❸配列の末尾に"ティーラテ"を追加
7: p drinks #=> ["モカ", "コーヒー", "カフェラテ", "ティーラテ"]
```

ruby drinks4.rb ⏎
["コーヒー", "カフェラテ"]
["モカ", "コーヒー", "カフェラテ"]
["モカ", "コーヒー", "カフェラテ", "ティーラテ"]

❶の drinks.push("カフェラテ") で、変数 drinks に代入された配列 ["コーヒー"] の末尾に "カフェラテ" が追加され、["コーヒー", "カフェラテ"] になります。続く❷の drinks.unshift("モカ") で、配列 ["コーヒー", "カフェラテ"] の先頭に "モカ" が追加され、["モカ", "コーヒー", "カフェラテ"] になります。

また、❸の drinks << "ティーラテ" のように、<< を使って配列の末尾に要素を追加することもできます。

CHAPTER 4 まとめて扱う - 配列

 要素を削除する

配列の要素を削除してみましょう。削除する方法も2種類あります。配列の末尾から要素を1つ削除するにはpopメソッド、先頭から要素を1つ削除するにはshiftメソッドを使います。

- drinks5.rb

```
1: drinks = ["モカ", "コーヒー", "カフェラテ"]
2: drinks.pop         ─── 配列の末尾から要素を1つ削除
3: p drinks #=> ["モカ", "コーヒー"]
4: drinks.shift       ─── 配列の先頭から要素を1つ削除
5: p drinks #=> ["コーヒー"]
```

```
ruby drinks5.rb ⏎
["モカ", "コーヒー"]
["コーヒー"]
```

drinks.popでdrinksが指す配列["モカ", "コーヒー", "カフェラテ"]から末尾の要素"カフェラテ"が削除され、drinksは["モカ", "コーヒー"]となります。続くdrinks.shiftで配列["モカ", "コーヒー"]から先頭の要素"モカ"が削除され、drinksは["コーヒー"]となります。

popメソッドとshiftメソッドは、削除した要素を返します。pメソッドで表示して確認してみましょう。

- drinks6.rb

```
1: drinks = ["モカ", "コーヒー", "カフェラテ"]
2: p drinks.pop   #=> "カフェラテ"
3: p drinks.shift #=> "モカ"
```

```
ruby drinks6.rb ⏎
"カフェラテ"
"モカ"
```

shiftメソッドは配列の最初の要素、popメソッドは配列の最後の要素をそれぞれ削除して、削除した要素を返します。前に出てきたfirstメソッド、lastメソッドは、配列から最初もしくは最後の要素を返す点は同じですが、配列から要素を削除しないのが異なる点です。

配列への追加・削除をまとめると次のようになります。

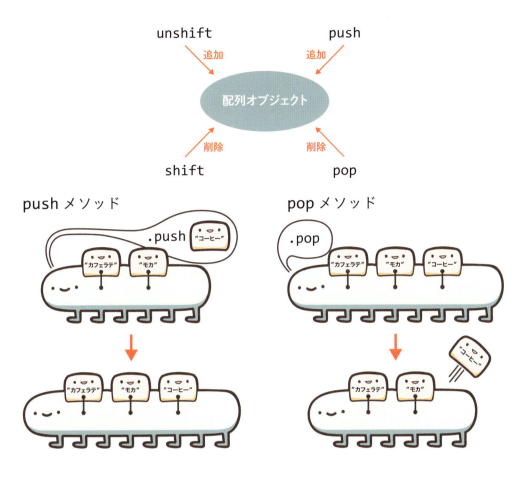

☕ 配列を足し算する

配列は足し算することもできます。足し算すると、2つの配列をつなげた新しい配列をつくります。

● plus.rb

```
1: a1 = [1, 2, 3]
2: a2 = [4, 5]
3: p a1 + a2
```

```
ruby plus.rb ⏎
[1, 2, 3, 4, 5]
```

☕ 配列を引き算する

配列は引き算することもできます。引き算をすると、元の配列から要素を取り除いた新しい配列をつくります。

CHAPTER 4　まとめて扱う - 配列

● minus1.rb

```
1: a1 = [1, 2, 3]
2: a2 = [1, 3, 5]
3: p a1 - a2
```

```
ruby minus1.rb ⏎
[2]
```

引き算を使うと「配列aと配列bを比べて、配列aにだけある要素」を得ることができます。たとえば、カフェで「全メニューの中から、注文したことがないものを取得」する問題を考えてみましょう。全メニューの配列から、注文したことがあるものの配列を引き算すると、まだ注文していないものの配列を得ることができます。

● minus2.rb

```
1: menu = ["カフェラテ", "モカ", "コーヒー", "エスプレッソ"]　———全メニュー
2: ordered = ["エスプレッソ", "カフェラテ"]　———注文したことがあるもの
3: p not_ordered = menu - ordered　———注文したことがないもの
```

```
ruby minus2.rb ⏎
["モカ", "コーヒー"]
```

> 配列.unshift(追加するオブジェクト)　———配列の先頭へ追加
> 配列.push(追加するオブジェクト)　———配列の末尾へ追加
> 配列.shift　———配列の先頭から削除
> 配列.pop　———配列の末尾から削除
> 配列 + 配列　———2つの配列の要素をつなげた配列をつくる
> 配列 - 配列　———後ろの配列の要素を除いた配列をつくる

- unshiftメソッドは、配列の先頭へ追加する
- pushメソッドは、配列の末尾へ追加する
- shiftメソッドは、配列の先頭から削除する
- popメソッドは、配列の末尾から削除する
- 配列の足し算は、つながった配列をつくる
- 配列の引き算は、元の配列から引く配列の要素を取り除いた配列をつくる

4-4 配列を繰り返し処理する

ここでは、新しい技である「配列の全要素で繰り返し」を説明します。メニュー ["コーヒー", "カフェラテ", "モカ"]の全商品を表示するなど、配列のすべての要素に対して繰り返し処理するのはとても便利で有用な技です。これを使えば書けるプログラムの種類がどーんと広がります。

配列を繰り返し処理する

配列オブジェクト["コーヒー", "カフェラテ"]の全要素を表示するプログラムを書いてみます。

- **each1.rb**

```
1: drinks = ["コーヒー", "カフェラテ"]
2: drinks.each do |drink|         ❶
3:   puts drink
4: end
```

ruby each1.rb ⏎
コーヒー
カフェラテ

`drinks.each do |drink|`から`end`までが今回の主役です。`each`メソッドは、配列の全要素を繰り返し処理するメソッドです。`each`につづいて`do |drink|`、そして繰り返したい処理と`end`を書きます。`do`と`end`は以前にP.95で出てきた`3.times`で繰り返しのときに使ったブロックと呼ばれる部品です。今回も繰り返し実行したい処理をブロックとして、`do`の次の行から`end`の前の行までにインデントを一段下げて書きます。

では、❶の`|drink|`は何者なのでしょう？ 実は`drink`は変数です。記号`|`(パイプと呼びます) で挟んで書きます。変数なので、名前は自由につけられます。この変数は`each`との組み合わせで特別な働きをします。`each`メソッドの前に書かれた配列の各要素が、この変数`drink`へ繰り返し代入されて実行されます。

113

CHAPTER 4　まとめて扱う - 配列

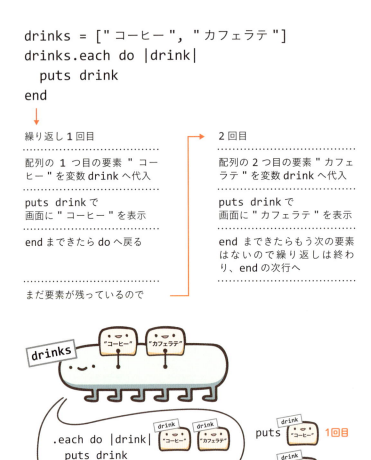

　順を追って説明してみます。eachメソッドで繰り返される配列は["コーヒー", "カフェラテ"]です。

　繰り返し処理の1回目の対象要素は"コーヒー"です。ブロックの先頭行doに続く|で囲まれた変数drinkへ、配列の1つ目の要素である"コーヒー"が代入され、ブロックの処理を始めます。puts drinkが実行され、drinkへ代入された"コーヒー"がputsメソッドにより画面に表示されます。endへ到達すると、この回の処理は終わりです。対象の配列にまだ繰り返し実行していない要素があれば、処理はdrinks.each do |drink|の行まで戻ります。

　2回目は、変数drinkへ2つ目の要素"カフェラテ"が代入され、doからendまでのブロック中の処理が行われます。次の行のputs drinkが実行されると、今回は変数drinkに代入されている"カフェラテ"がputsメソッドにより表示されます。endへ到達すると、この回の処理は終わりです。

　これで対象の配列の全要素が繰り返し実行されたので、doへ戻らずに繰り返し処理を終了し、endの次の行へと処理が進みます。

　もしも、今回のプログラムと同じ結果になるように、eachを使わずに書くと以下のようになるでしょう。

114

● each2.rb

```
1: drinks = ["コーヒー", "カフェラテ"]
2: puts drinks[0]
3: puts drinks[1]
```

```
ruby each2.rb
コーヒー
カフェラテ
```

　このプログラムの配列の要素は2つなので、eachメソッドを使わずに個々の要素を表示しても大差はありません。しかしeachメソッドを使うと、配列の要素が増減していくつになっても、繰り返し処理のプログラムを書き換えなくて良いというメリットがあります。要素を3つに増やした次のプログラムと、最初のプログラムeach1.rbを見くらべると、drinksへ配列を代入する行だけが異なり、繰り返し処理の部分は同じであることが分かります。

● each3.rb

```
1: drinks = ["コーヒー", "カフェラテ", "モカ"]      ──配列の要素を増やした
2: drinks.each do |drink|                          ──繰り返し処理のプログラムは前と同じ
3:   puts drink
4: end
```

```
ruby each3.rb
コーヒー
カフェラテ
モカ
```

繰り返しを途中で終わらせる - break

breakを使うと繰り返し処理を途中で終わらせることができます。

● break.rb

```
1: [1, 2, 3].each do |x|        ──❶配列の各要素を順番に変数xに代入
2:   break if x == 2             ──❷xの値が2のときに繰り返しを終わらせる
3:   puts x                      ──❸変数xの値を表示する
4: end
```

```
ruby break.rb
1
```

配列オブジェクト[1, 2, 3]に対してeachメソッドを呼び出しています。❶で繰り返しの1回目はxに1が代入されてブロックが実行されます。xの値が1なので❷のif x == 2は条件を満たさず、breakは実行されません。❸のputs xを実行して2回目の繰り返し処理へ進みます。

繰り返しの2回目は❶でxに2が代入されてブロックが実行されます。xの値が2なので、今度は❷のif x == 2は条件を満たし、breakが実行されます。breakはeachメソッドのdo endブロックでくりかえされている繰り返し処理をそこで終わりにして、endの次行へ処理が進みます。そのため、このプログラムでは「x = 2のputs x」も「x = 3の3回目のループ」も実行されません。

このように、breakは繰り返しのブロック中で途中で処理を終わりにしたいときに使います。

繰り返しの次の回へ進む - next

nextを使うと、繰り返し処理のその回をそこで終わりにして、次の回へ進みます。

- **next.rb**

```
1: [1, 2, 3].each do |x|
2:   next if x == 2
3:   puts x
4: end
```

```
ruby next.rb ⏎
1
3
```

1回目の繰り返し処理ではifの条件が満たされずにnextは実行されないため、puts xにより1が表示されます。2回目はxに2が代入されて処理が進み、nextの行でifの条件x == 2が満たされるため、nextが実行されます。nextはくりかえされているブロックの今回の処理をそこで終わりにして、次回の繰り返し処理を開始します。つまり、2回目の処理ではputs xは行われません。

3回目の処理は1回目と同様で、ifの条件が満たされずにnextは実行されないため、puts xにより3が表示されます。このように、nextは繰り返しの特定の回は途中までしか実行せずに、繰り返し処理は続ける場合に使います。

COLUMN

eachにつづくブロックで使う変数の名前

　eachにつづくdoブロックで|drink|のように、drinkという変数名を使いました。drinkは変数なので、名前はxでもなんでも良いのですが、代入されるのが"コーヒー"や"カフェラテ"で飲み物なので、drinkと命名しました。ブロックでの変数drinkは「1つの飲み物」が代入されるから単数形です。一方で配列はコーヒーとカフェラテのように「複数の飲み物」が代入されるので複数形です。このように、配列を代入する変数は複数形、繰り返しの中の変数は単数形を使うとわかりやすく書くことができます。

範囲を指定して繰り返す　Challenge

「3から5までの数を1ずつ増やして繰り返したい」ときには以下のように書くことができます。3..5は「3から5まで」の範囲を表すオブジェクトで、Rangeオブジェクトと呼ばれます。Rangeオブジェクトにeachメソッドを呼び出すと、ブロック中の変数にその範囲の数値を代入して繰り返します。ここでは、ブロック中の変数xに3、4、5をそれぞれ代入して、合計3回の繰り返し処理を実行します。

● range.rb

```
1: (3..5).each do |x|
2:   puts x
3: end
```

```
ruby range.rb ⏎
3
4
5
```

まとめ

```
配列.each do |変数|
  繰り返し実行する処理
end
```

- eachメソッドとブロックを使うと配列の全要素を繰り返し処理できる
- 各要素が変数に代入されて、繰り返し処理が実行される
- 配列の要素数がいくつでも、同じプログラムで全要素を繰り返し処理できる

CHAPTER 4　まとめて扱う - 配列

4-1

問1 要素が"コーヒー"と"カフェラテ"である配列を作って、pメソッドで表示してください。

4-2

問2 配列["コーヒー"，"カフェラテ"，"モカ"]を変数drinksに代入してください。

問3 問2で書いたプログラムに追記して、"カフェラテ"を取得して表示してください。

問4 問2で書いたプログラムに追記して、先頭の要素"コーヒー"と、末尾の要素"モカ"を取得して表示してください。

4-3

問5 配列["コーヒー"，"カフェラテ"]の末尾に"モカ"を加えて、表示してください。

問6 配列[2，3]の先頭に1を追加して、[1，2，3]に変えて、表示してください。

問7 [1，2]と[3，4]をつなげた配列を作って、表示してください。

4-4

問8 配列["ティーラテ"，"カフェラテ"，"抹茶ラテ"]の全要素を表示してください。

問9 配列["ティーラテ"，"カフェラテ"，"抹茶ラテ"]の全要素で、「○○お願いします」と注文するように表示してください。

問10 配列[1，2，3]の総和（つまり1+2+3）を、eachメソッドを使って求めてください。総和を表す変数sumに0を代入しておいて、eachメソッドで変数sumに配列の各要素を加えていくのが1つの方法です。

問11 問8で書いたプログラムを書き換えて、空の配列[ ]に変更して実行してください。

CHAPTER

5

便利な道具を使う

"しかしreverseだけでうまくごまかせるとは思えない。当局はただ "airegiN fo noissessop ekaT"（るす配支をアリェジイナ）を鏡を使って読めば済む。スターモンキーがラゴスに到着したところで、私たちは逮捕されてしまうだろう。"

── _whyの（感動的）rubyガイド 第4章より

　ここまでの知識と、この章で紹介する配列の便利なメソッドを使うと、ぐっと書けるプログラムの種類が増えてきます。この章では配列の便利なメソッドを紹介しながら、さまざまなプログラムを書いていきます。また、リファレンスマニュアルの調べ方を説明します。この章で、自分で調べながらたくさんのプログラムが書けるようになる力を身につけましょう！

1	配列の便利なメソッドを使う	P.120
2	メソッドの機能を調べる	P.123
3	機能からメソッドを探す	P.131
4	配列の要素を並び換える	P.133
5	配列と文字列を変換する	P.135
6	配列の各要素を変換する	P.139

CHAPTER 5 便利な道具を使う

5-1 配列の便利なメソッドを使う

配列にはさまざまな便利なメソッドが用意されています。それらのメソッドを利用してさまざまなプログラムを書いていきましょう。

☕ 配列の要素数を得る - sizeメソッド

配列の要素数を得るときは`size`メソッドを使います。`size`メソッドは配列の要素数を返すメソッドです。

● size.rb

```
1:  puts [2, 4, 6].size #=> 3
```

```
ruby size.rb ⏎
3
```

```
puts [2, 4, 6].size
```
　　　　└─── sizeメソッドが返した値3で置き換わる
　　　　　　（この「メソッドが返した値」のことを「戻り値」と言う）

```
puts 3
```
　→ sizeメソッドの戻り値3がputsメソッドに渡されて画面に表示される

`size`メソッドは呼び出されると、配列の要素数を返します。メソッドの実行結果として返ってくる値のことを、「戻り値」と言います。配列`[2, 4, 6]`の要素数は3個なので、`[2, 4, 6].size`の戻り値は3になります。戻り値は「値」という名前がついていますが、数字だけでなくいろいろなオブジェクトを返すことができます。

プログラムの中でメソッド呼び出しが出てきたら、戻り値で置き換えて読んでいきましょう。

この例では、sizeメソッドの戻り値である3を、putsメソッドへ渡して表示しています。なお、戻り値を使わないときには無視しても構いません。たとえばputsメソッドやpメソッドでは戻り値を使うことはあまりありません。

配列の全要素の合計を得る - sum メソッド

配列の全要素の合計は sum メソッドで計算できます。

> **NOTE**
>
> sumメソッドはRuby 2.4から追加されました。Ruby 2.3以前では替わりにinjectメソッドを使ってください。[1, 2, 3].inject(:+)と書きます。

- **sum.rb**

```
1: puts [1, 2, 3].sum
```

ruby sum.rb
6

sumメソッドの戻り値は、配列の全要素を足した値です。ここでは 1 + 2 + 3 の結果である 6 が戻り値です。

さきほどのsizeメソッドと組み合わせると平均値の計算ができます。平均値は「全要素の合計 / 要素数」で計算できるので、次のようになります。

- **average1.rb**

```
1: a = [1, 2, 3]
2: puts a.sum / a.size
```

ruby average1.rb
2

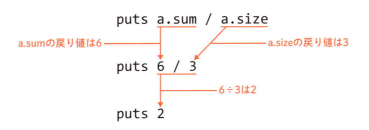

121

COLUMN

小数が出てくる計算

average1.rbから少し変更して、配列の値を変えた以下のプログラムはどうなるでしょうか？

● average2.rb

```
1: a = [1, 1, 3]
2: puts a.sum / a.size
```

```
ruby average2.rb
1
```

5 ÷ 3の計算なので1.67くらいになりますが、小数点以下の計算はしてくれませんでした。これはsumメソッドもsizeメソッドも整数オブジェクトを返すので、整数オブジェクト同士の除算になり、答えも整数オブジェクトになるためです。

小数点以下を計算したい場合は、どちらか（または両方）の数をto_fメソッドで小数オブジェクトに変換します。

● average3.rb

```
1: a = [1, 1, 3]
2: puts a.sum.to_f / a.size
```

```
ruby average3.rb
1.6666666666666667
```

a.sum.to_fはsumメソッドとto_fメソッドをつなげて書いています。この場合は、メソッドが前の方から呼び出されていきます。まず、a.sumが実行されて、戻り値である5で置き換えられます。つづいて5.to_fが実行されて、戻り値である5.0が得られます。つづけて割り算5.0 / 3が実行され、その結果をputsメソッドで表示しています。

ここで書いたa.sum.to_fのように、メソッドをつなげて書く方法をメソッドチェインと呼びます。この書き方を使うと短く、読みやすく書くことができるのでよく使われる書き方です。

まとめ

- sizeメソッドを使うと配列の要素数を得られる
- 「メソッドが返した値」のことを「戻り値」と言う
- メソッド呼び出しがされたら、戻り値で置き換えてプログラムを読み進める
- sumメソッドを使うと配列の全要素を足し合わせた数を得られる

5-2 メソッドの機能を調べる

「配列でこんなことはできないだろうか」「このメソッドの意味はなんだろう？」といった疑問が浮かんだときは、リファレンスマニュアルを調べてみましょう。リファレンスマニュアルは、Rubyについての調べ物ができる辞書のようなWebページです。

リファレンスマニュアルとは

「プログラミング言語 Ruby リファレンスマニュアル」というWebページがあります。「Rubyリファレンスマニュアル」で検索すると上位に出てきます。URLは以下のとおりです。

    https://docs.ruby-lang.org/ja/

Rubyのバージョンごとにマニュアルが用意されています。お使いのRubyのバージョンを選んでください。リンクをクリックすると、リファレンスマニュアルのトップページが表示されます。以降は、Ruby 2.5.0のリファレンスマニュアルで説明します。

● https://docs.ruby-lang.org/ja/2.5.0/doc/index.html

☕ メソッドの名前から機能を調べる – uniqメソッド

　リファレンスマニュアルには、Rubyに関するさまざまな情報がまとめられています。例として、配列の`uniq`メソッドがどんな機能なのかを調べてみましょう。

　「組み込みライブラリ Builtin libraries」のリンクをクリックします。リンクは、ページの少し下の方にあります。

　「組み込みライブラリ」とは、Rubyであらかじめ用意されていてすぐに使える便利な道具のことです。配列も組み込みライブラリに含まれています。組み込みライブラリのページに「クラス」と書かれています。クラスとは、オブジェクトの種類のことでしたね。配列のクラス名は`Array`です。

●https://docs.ruby-lang.org/ja/2.5.0/library/_builtin.html

「クラス」の欄から「Array」のリンクを探してクリックしてみましょう。

●https://docs.ruby-lang.org/ja/2.5.0/class/Array.html

配列で使えるすべてのメソッドがここに書かれています。uniqのリンクを探してクリックしてみましょう。ページ全体をブラウザの機能で「uniq」で検索してもOKです。

CHAPTER 5　便利な道具を使う

● https://docs.ruby-lang.org/ja/2.5.0/class/Array.html#I_UNIQ

```
uniq -> Array    ─戻り値のオブジェクト種類はArray（配列）
uniq! -> self | nil    ─戻り値のオブジェクト種類は自分自身 または nil （selfについてはP.191参照）
uniq {|item| ... } -> Array    ─ブロック（{から}まで）を渡すこともできる
uniq! {|item| ... } -> self | nil
```

マニュアルに uniq メソッドの説明が書かれています。

> uniq は配列から重複した要素を取り除いた新しい配列を返します。

「重複している要素を取り除いた新しい配列」が戻り値になるとあります。メソッド名は「unique（ユニーク、単一）」からきているようです。

> uniq! は削除を破壊的に行い、削除が行われた場合は self を、そうでなければ nil を返します。

uniq! メソッドの説明もあります。Ruby では uniq と uniq! のように、同名で末尾に ! がつくメソッドが用意されていることがあります。uniq! は P.127 で説明します。

> 取り除かれた要素の部分は前に詰められます。要素の重複判定は、Object#eql? により行われます。

「要素の重複判定は、Object#eql? により行われます。」は詳細な内容になるので説明を省略しますが、かんたんな理解では == を使って値が同じかどうかを判定していると考えてもらって大丈夫です。

```
p [1, 1, 1].uniq           # => [1]
p [1, 4, 1].uniq           # => [1, 4]
p [1, 3, 2, 2, 3].uniq     # => [1, 3, 2]
```

サンプルプログラムが書いてあります。これはとても有用な情報です。説明文が分からなくても、サンプルプログラムを読むと分かることもよくあります。

`#=>`は本書と同様で、左側にプログラムを、右側にその実行結果を書いています。`[1, 1, 1].uniq #=> [1]`と、`[1, 4, 1].uniq #=> [1, 4]`から、2つ以上同じ要素（ここでは1）があったとき、1つだけにすることが分かります。`[1, 3, 2, 2, 3].uniq   #=> [1, 3, 2]`の2や3のように、重複した要素が複数あるときは、すべての重複した要素を1つだけにすることも分かります。

なお、サンプルプログラムにはもう一つ、「ブロックが与えられた場合」という例があります。こちらは応用的な使い方なので、この節の最後で説明します。

以上の説明からuniqメソッドは次のような機能であることが分かりました。

・対象の配列から重複した要素を取り除いて1つだけにした新しい配列を作って返す

リファレンスマニュアルを使うと、知らないメソッドの意味を調べることができます。マニュアルには配列の全メソッドが書かれているので、ページ全体をあらかじめざっと読んでおくことで、プログラムを書くときに「そういえばこんな機能のメソッドがあった気がする！」と調べて書くことができるでしょう。

最初は組み込みライブラリの中から、`Array`クラス、`String`クラス、`Hash`クラス（第6章で説明）、`Enumerable`モジュール（P.226で説明）のページから読み始めると利用機会も多いのでお勧めです。

また、前に出てきた`size`メソッドをリファレンスマニュアルで調べてみると、`length`メソッドも一緒に書いてあります。これらは異名同機能のメソッドです。このように、名前は違うが同じ機能のメソッドはいくつかあり、文脈や好みによって使い分けることもあります。

☕ 末尾に!がつくメソッド

`uniq`に対する`uniq!`のように、メソッド名の末尾に記号!が付くメソッドが用意されていることがあります。どのような違いがあるのでしょうか？

`uniq`は、重複している要素を取り除くメソッドです。自分自身（`array1`）の要素は変わらずに、重複する要素を取り除いた新しい配列を返します。

● uniq1.rb

```
1: array1 = [1, 1, 2]
2: array2 = array1.uniq
3: p array1   #=> [1, 1, 2]    ──array1自身は変わってない
4: p array2   #=> [1, 2]
```

`uniq!`も重複している要素を取り除くメソッドです。`uniq`との違いは、自分自身（`array1`）の要素が変わることです。

127

● uniq2.rb

```
1: array1 = [1, 1, 2]
2: array2 = array1.uniq!
3: p array1   #=> [1, 2]    ——array1自身が変わっている
4: p array2   #=> [1, 2]
```

　uniqとuniq!の違いは、自分自身の配列オブジェクトを変更するかどうかです。uniqメソッドは自分自身の配列オブジェクトを変更するのではなく、変換後の新しい配列オブジェクトを作り、メソッドの戻り値として返します。一方で、uniq!メソッドは、自分自身の配列オブジェクトを変更します。このような変更のことを「破壊的変更」と言います。

　新しいオブジェクトが作られたか、破壊的に変更されたかはobject_idというメソッドを使うと分かります。object_idメソッドはそれぞれのオブジェクトに割り当てられる識別番号（オブジェクトID）を返すメソッドです。オブジェクトIDはオブジェクトごとに異なります。

● uniq3.rb

```
1: array1 = [1, 1, 2]
2: array2 = array1.uniq
3: p array1.object_id  #=> 701177089914920
4: p array2.object_id  #=> 701177089914680   ——array1とarray2のオブジェクトIDが違う
```

● uniq4.rb

```
1: array1 = [1, 1, 2]
2: array2 = array1.uniq!
3: p array1.object_id  #=> 701177089914920
4: p array2.object_id  #=> 701177089914920   ——array1とarray2のオブジェクトIDが同じ
```

　uniqメソッドは自分自身の配列オブジェクトを変更せずに、新しい配列オブジェクトを作ります。そのため、新しい配列オブジェクトを代入したarray2のオブジェクトIDは、元のオブジェクトIDとは異なっています。オブジェクトIDが違うということは、オブジェクトが2つあると

いうことです。一方のuniq!メソッドは新しい配列オブジェクトを作りません。そのため、array1とarray2は同じオブジェクトIDになります。オブジェクトIDが同じということは、オブジェクトが1つということです。言い換えると、1つのオブジェクトにarray1とarray2の2つの名札を付けている状態です。元の配列を残しておきたいかどうかで、uniqとuniq!を使い分けると良いでしょう。

このように、同名のメソッドで!の有無で2種類のメソッドが存在するものがあります。一部の例外はありますが、!がつくと対象のオブジェクトを破壊的に変更するものが多いです。

 ## ブロックを渡せるメソッド　Challenge

メソッドにはブロックを渡せるものがあります。以前に出てきたeachもその1つです。uniqメソッドにもブロックを渡すこともできる旨がリファレンスマニュアルに書かれています。

> ブロックが与えられた場合、ブロックが返した値が重複した要素を取り除いた配列を返します。次のプログラムは、uniqへブロックを渡さないときの例と、渡したときの例です。

```
p [1, 3, 2, "2", "3"].uniq                  # => [1, 3, 2, "2", "3"]
p [1, 3, 2, "2", "3"].uniq { |n| n.to_s }   # => [1, 3, 2]
```

`{ |n| n.to_s }`がブロックです。文中の「ブロックが与えられた場合」とは、`uniq { |n| n.to_s }`のようにメソッドの後ろにブロックを書いている場合に相当します。これを「ブロックを渡す」とも表現します。メソッドへブロックを渡しているイメージです。uniqメソッドはブロックを渡さずに使うことも、渡して使うことも、どちらの使い方も可能です。

ブロックを渡したときの動作はeachメソッドのときと似ています。`|n|`のnが変数で、配列の要素が1つずつ代入されます。ブロックではn.to_sが実行され、その結果を使ってuniqが実行されます。to_sは文字列へ変換するメソッドで、1は"1"へ変換します。つまり、ブロックの処理によって「3と"3"」および「2と"2"」は重複と判定され、取り除かれることになります。ブロックを渡さないときと、渡したときで意図の異なる2通りの結果が得られました。

uniqメソッドのように、ブロックを渡せるメソッドはたくさんあります。ブロックはRubyの数ある仕組みの中でも、とてもよく使われるものです。

- リファレンスマニュアルはRubyについての調べ物ができる辞書のような情報
- uniqメソッドは重複している要素を取り除く
- 末尾に!が付く、付かないの2つのメソッドが用意されていることがある
- 末尾に!が付かないメソッドは、操作後の新しい配列オブジェクトを作って返すものが多い
- 末尾に!が付くメソッドは、オブジェクトを破壊的に変更するものが多い

CHAPTER 5　便利な道具を使う

COLUMN

るりまサーチ

　さきほどのuniqメソッドのように、メソッド名が分かっていて、その働きを調べたいときは「るりまサーチ」を使う方法もあります。リファレンスマニュアルの全ページから検索することができます。

　https://docs.ruby-lang.org/ja/search/

　たとえば「uniq」で検索すると、Arrayクラスのuniqメソッドの説明がでてきます。Rubyのバージョン番号をクリックすると、前述のリファレンスマニュアルのページへ飛ぶこともできます。

130

5-3 機能からメソッドを探す

「配列の要素の中からランダムに1つ取得したい」ケースを考えてみます。どんなメソッドを使えばいいか、リファレンスマニュアルを使って調べてみましょう（タイトルを見ると答えが分かってしまいますが、みなさんの思いやりある対応に感謝します）。

ランダムに要素を取得する – sample メソッド

前の節と同じように、リファレンスマニュアルで Array（配列）のページへ移動します。URL は以下のとおりです。Ruby のバージョンによっては「2.5.0」の部分が変わります。

https://docs.ruby-lang.org/ja/2.5.0/class/Array.html

また、「2.5.0」のようなバージョンの代わりに「latest」とすると、常に最新ページが表示されます。

https://docs.ruby-lang.org/ja/latest/class/Array.html

ここからの方法は手探りになるのですが、今回のキーワードは「ランダム」なので、ためしにブラウザの検索機能で「ランダム」を探してみましょう。

```
sample -> object | nil
sample(n) -> Array
sample(random: Random) -> object | nil
sample(n, random: Random) -> Array
```

配列の要素を1個（引数を指定した場合は自身の要素数を越えない範囲で n 個）ランダムに選んで返します。

sample メソッドの説明文に「ランダム」が見つかりました。「配列の要素を1個ランダムに選んで返します。」と書いてあるので、これが望んでいるメソッドのようです。プログラムを書いて試してみましょう。

● sample.rb

```
1: puts [1, 2, 3].sample
```

```
ruby sample.rb
2
```

　今回の実行結果はランダムに1、2、3のいずれかを表示するので、みなさんが実行した結果と同じにならないかもしれません。何回か実行して、結果がランダムに変わることを確認してみてください。

　このように、リファレンスマニュアルを使うと欲しい機能のメソッドを探すことができます。探し方は今回のような検索機能で探すほかに、メソッド名から推測する、全文読んで順に探すなどさまざまですが、何回も探していくとコツがつかめると思います。あらかじめ、全文をざっと読んでおくことは、探そうとしたときに「たしかこんな機能あったな」ときっかけにすることができるので、プログラミング力を高めるためにお薦めの方法です。

　この章では引き続き配列の便利なメソッドを説明していきます。練習を兼ねて、あわせてリファレンスマニュアルを引いてみると勉強になります。

ランダムに並び換えるshuffleメソッド

　sampleメソッドはランダムで1要素を取得する機能でしたが、ランダムに並び換えるshuffleメソッドもあります。shuffleメソッドは配列の要素をランダムに並び換えるメソッドです。

● shuffle.rb

```
1: p [1, 2, 3].shuffle #=> [1, 3, 2]
```

- sampleメソッドは配列からランダムに要素を取得する
- shuffleメソッドは配列をランダムに並び換える

5-4 配列の要素を並び換える

配列はオブジェクトを順番に並べて扱います。順番を並び換えることで、小さい順に並べたり、abc順に並べることもできます。

配列の要素を順に並び換える - sort メソッド

配列の要素を順に並び換えてみましょう。sortメソッドを使います。sortメソッドは、要素を順に並べるメソッドです。配列の要素が数値のときは、小さい順に並び換えられます。

- sort1.rb

```ruby
1: p [4, 2, 8].sort
```

ruby sort1.rb ⏎
```
[2, 4, 8]
```

配列の要素が文字列のときはabc順に並び換えられます。

- sort2.rb

```ruby
1: p ["hitomi", "achi", "tama"].sort
2: p ["aya", "achi", "tama"].sort
3: p ["aya", "achi", "Tama"].sort
```

ruby sort2.rb ⏎
```
["achi", "hitomi", "tama"]
["achi", "aya", "tama"]
["Tama", "achi", "aya"]
```

先頭の文字で比較し、同じであれば2文字目、と比較します。大文字が混じると「大文字が先、小文字が後」になります。

配列の要素を逆順にする

sortメソッドでの並び換えは小さい順でしたが、大きい順にするにはどうすればいいでしょうか？ ここでは、「1.sortメソッドで小さい順に並び換え 2.逆順にする」という方法で大きい順に並び換えてみます。逆順にするにはreverseメソッドを使います。reverseメソッドは、配列の並び順を逆順にするメソッドです。

● reverse.rb

```
1: p [4, 2, 8].sort           ──── sortで小さい順に。前の項で書いたプログラムと同じ
2: p [4, 2, 8].sort.reverse   ──── sortで小さい順にした配列を、さらにreverseで逆順にする
```

```
ruby reverse.rb ⏎
[2, 4, 8]
[8, 4, 2]
```

sortメソッドで小さい順になった[2, 4, 8]へ、つづいてreverseメソッドを使うことで逆順になり、[8, 4, 2]が得られました。

ここでは[4, 2, 8].sort.reverseとメソッドチェインを使ってつなげて書きました。メソッドが前の方から呼び出されていきます。まず[4, 2, 8].sortが実行されて、戻り値である[2, 4, 8]で置き換えます。つづいて[2, 4, 8].reverseが実行されて、戻り値である[8, 4, 2]が得られます。最後にp [8, 4, 2]が実行されて[8, 4, 2]が表示されます。

文字列を逆順にする

reverseメソッドは配列のほか、文字列にも用意されています。

● reverse_string.rb

```
1: p "abc".reverse #=> "cba"
2: p "とくれせんたぼーび".reverse #=> "びーぼたんせれくと"
```

- sortメソッドを使うと配列の要素が順に並び換えられる
- reverseメソッドを使うと配列の要素の並びが逆順になる
- reverseメソッドを使うと文字列の並びが逆順になる

5-5 配列と文字列を変換する

配列と文字列を組み合わせて使うと、いろいろな問題を解決できます。配列中の文字列をつなぎあわせる`join`メソッドと、文字列を分割して配列にする`split`メソッドを説明します。

配列中の文字列を連結する - joinメソッド

カフェで注文する文章を作る問題を考えてみましょう。たとえば、「カフェラテとチーズケーキをください」や「カフェラテとチーズケーキとバニラアイスをください」といった文章を作ります。このようなときには、まずは商品が入った配列をつくります。

```
["カフェラテ"]
["カフェラテ", "チーズケーキ"]
["カフェラテ", "チーズケーキ", "バニラアイス"]
```

そして、この注文する商品が入っている配列から、各商品を「と」でつないだ文字列を作ってみます。次のようになれば完成です。

```
["カフェラテ"] から "カフェラテ" を作る
["カフェラテ", "チーズケーキ"] から "カフェラテとチーズケーキ" を作る
["カフェラテ", "チーズケーキ", "バニラアイス"] から "カフェラテとチーズケーキとバニラアイス" を作る
```

この問題、`each`メソッドなど繰り返しで書こうとすると、「と」の数の調整が難しいのです。たとえば次のプログラムでは、末尾に余分な「と」が1つ付いてしまいます。

● `to.rb`

```ruby
1: order = ""          ———— ""は空文字列
2: ["カフェラテ", "チーズケーキ"].each do |item|
3:   order = order + item + "と"
4: end
5: puts order
```

135

```
ruby to.rb ⏎
カフェラテとチーズケーキと
```

このプログラムは["カフェラテ", "チーズケーキ"]の配列から「カフェラテとチーズケーキ」という文章を作ろうとしています。変数orderに結果となる文章を作っていきます。orderには最初は空の文字列""を代入しておきます。eachメソッドに渡されたブロックでorderの後ろに商品名と「と」の文字を加えていきます。最後のputs orderで変数orderを表示すると「カフェラテとチーズケーキと」になっています。最後の「と」が余分です。

この問題は、joinメソッドを使うときれいに書くことができます。joinメソッドは、配列中の文字列を連結するメソッドです。まずはjoinメソッドの基本的な使い方を見てみましょう。

● join1.rb

```
1: puts ["カフェラテ"].join
2: puts ["カフェラテ", "チーズケーキ"].join
3: puts ["カフェラテ", "チーズケーキ", "バニラアイス"].join
```

```
ruby join1.rb ⏎
カフェラテ
カフェラテチーズケーキ
カフェラテチーズケーキバニラアイス
```

joinメソッドで、配列の要素の文字列を連結して、1つの文字列にしています。つながった文字列ができましたが、商品と商品のあいだに「と」がまだありません。実は、joinメソッドは配列の各要素をつなげるだけでなく、つなげるときに間へ入れる文字を指定できます。join("と")のように書くと、各要素の間に「と」を入れて連結します。

● join2.rb

```
1: puts ["カフェラテ"].join("と")
2: puts ["カフェラテ", "チーズケーキ"].join("と")
3: puts ["カフェラテ", "チーズケーキ", "バニラアイス"].join("と")
```

```
ruby join2.rb ⏎
カフェラテ
カフェラテとチーズケーキ
カフェラテとチーズケーキとバニラアイス
```

配列の要素をつなぐときに「と」が入って連結されました。望み通りの文字列がバッチリできました。

ここでのポイントは、配列の要素数がいくつになっても、望んだ結果を得られることです。また、["カフェラテ"]と要素が1つだけのときも「と」が入らず、望んだ結果になっていますね。

COLUMN メソッドと引数

　今回のプログラム join("と") では、つなげるときに間へ入れる文字である "と" を join メソッドへ渡しています。このようなメソッドへ渡すオブジェクトのことを、「引数（ひきすう）」と呼びます。

　リファレンスマニュアルを読んでいると引数という言葉が出てくることもあるので、そのときは「メソッドへ渡すオブジェクト」の意味で置き換えて読んでみてください。

　引数については、P.161 で詳しく説明します。

 ## 文字列を分割して配列にする - split メソッド

　スペースが区切り文字として入っている文字列 "カフェラテ　チーズケーキ　バニラアイス" を、スペースで区切って配列にするプログラムを書いてみましょう。split メソッドを使います。split メソッドは文字列を区切り文字で分割して配列にするメソッドです。

- **split1.rb**

```
1: p "カフェラテ　チーズケーキ　バニラアイス".split
```

```
ruby split1.rb ⏎
["カフェラテ", "チーズケーキ", "バニラアイス"]
```

　スペースを区切り文字として文字列を分割し、分割したそれぞれの文字列を要素とした配列を返します。"カフェラテ　チーズケーキ　バニラアイス" という文字列をスペースごとに分割して、「カフェラテ」、「チーズケーキ」、「バニラアイス」の3つの文字列へ分解しています。

　split メソッドに区切り文字を渡すことで、スペース以外の区切り文字にも対応できます。さきほどのプログラムでできた文字列「カフェラテとチーズケーキとバニラアイス」を、区切り文字「と」で分割して配列にしてみましょう。

- **split2.rb**

```
1: p "カフェラテとチーズケーキとバニラアイス".split("と")
```

```
ruby split2.rb ⏎
["カフェラテ", "チーズケーキ", "バニラアイス"]
```

　split メソッドに区切り文字 " と " を渡しています。split メソッドは "カフェラテとチーズケーキとバニラアイス" を区切り文字「と」で分割して、「カフェラテ」、「チーズケーキ」、「バニラアイス」の3つの文字列へ分解しています。

　これは、join2.rb のスタートとゴールを逆にした変換になっていますね。join メソッドは

CHAPTER 5　便利な道具を使う

配列の要素を連結して文字列に変換、splitメソッドは文字列を区切って配列に変換と、逆の操作になっています。

- joinメソッドを使うと、配列の全要素をつなげた文字列が作られる
- joinメソッドへ文字列を渡すと、要素間に挟んでつなげた文字列を作られる
- splitメソッドを使うと、文字列をスペースで区切って要素とした配列が作られる
- splitメソッドへ文字列を渡すと、区切り文字として使われる

5-6 配列の各要素を変換する

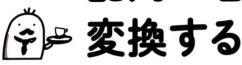

配列にまとめている各要素について、それぞれ同じ処理を行いたいことがあります。全要素をそれぞれ2倍したい、全要素を小文字にしたい、といったケースです。ここではmapメソッドを使って全要素への変換処理を書いてみましょう。

配列の各要素を変換した配列を作る - mapメソッド

mapメソッドは配列の各要素へ処理を行い、変換してできた要素を持った、新しい配列を作るメソッドです。例文として、配列のそれぞれの要素を2倍した配列を作るプログラムを見てみましょう。

- map1.rb

```ruby
1: result = [1, 2, 3].map do |x|       ──── x に 1 2 3 が順に代入される
2:   x * 2                ──── 変換処理
3: end
4: p result
```

```
ruby map1.rb ⏎
[2, 4, 6]
```

mapメソッドへ変換処理をブロックで渡します。ここでは配列の各要素1, 2, 3に対して、ブロックの処理x * 2をそれぞれ実行します。変数xに1, 2, 3が順に代入され、結果の2, 4, 6を要素として持つ配列を作って変数resultへ代入します。mapメソッドが返す配列は、元の配列と要素の数は変わりません。

mapメソッドは、要素をほかの種類のオブジェクトへ変換するときにも便利に使えます。

- map2.rb

```ruby
1: result = [100, 200, 300].map do |x|   ──── x に 100 200 300 が順に代入される
2:   "#{x}円"
3: end
4: p result
```

139

```
ruby map2.rb ⏎
["100円", "200円", "300円"]
```

mapメソッドへ渡したブロックは、各要素が代入される変数xを使って、文字列"#{x}円"へと変換します。

mapメソッドはブロックを渡して各要素について処理を行う点が、eachメソッドと似ています。eachメソッドは各要素についてブロックで処理を行うことが目的となり、mapメソッドは各要素を変換した新しい配列を得ることが目的になることが多いです。mapメソッドは使う機会が大変多いメソッドです。mapメソッドをマスターすると、Rubyプログラマーとしてレベルが1つ上がったと言えるでしょう！

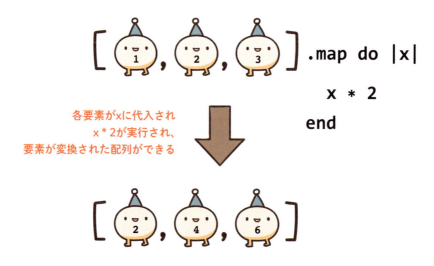

各要素がxに代入され
x * 2が実行され、
要素が変換された配列ができる

☕ 特定のブロックには短い書き方がある [Challenge]

次のプログラムは、配列にmapメソッドを呼び出し、各要素の文字列をreverseメソッドで逆順にするプログラムです。

● map3.rb

```
1: result = ["abc", "123"].map do |text|
2:   text.reverse
3: end
4: p result
```

```
ruby map3.rb ⏎
["cba", "321"]
```

以前にも出てきたように、ブロックはdo〜endの替わりに{ }を使って1行で書けます。

● map4.rb

```
1: result = ["abc", "123"].map{|text| text.reverse}
2: p result
```

ruby map4.rb ⏎
["cba", "321"]

さらにこのmapメソッドのように、各要素に対してあるメソッドを呼び出すだけのブロックは、特別に短く書く方法が用意されています。次のプログラムは、さきほどの2つのプログラムと同じ結果になります。

● map5.rb

```
1: result = ["abc", "123"].map(&:reverse)
2: p result
```

ruby map5.rb ⏎
["cba", "321"]

ブロックで呼び出したいメソッド（ここではreverse）の先頭に:をつけてシンボルにします（シンボルについてはP.145で説明します）。さらに先頭に&をつけて渡します。ちょっと不思議な書き方ですね。この書き方はmapメソッドだけでなく、ほかのブロックを渡すメソッドでも使うことができます。

慣れるまではブロックをそのまま書く方法がお勧めですが、慣れてくるとこの短い書き方もお気に入りになるかもしれません。

```
配列.map do |変数|
    変換処理
end
```

- mapメソッドは、配列の全要素にブロック中の処理で変換を行った、新しい配列を作る

CHAPTER 5　便利な道具を使う

練習問題

5-1
問1 配列["コーヒー", "カフェラテ"]の要素数を表示してください。
問2 配列[1, 2, 3, 4, 5]の全要素の合計値を表示してください。

5-2
問3 ["モカ", "カフェラテ", "モカ"]をuniqメソッドを使って、重複する要素は1つにして表示してください。
問4 配列のclearメソッドをリファレンスマニュアルで調べて、clearメソッドを使ったプログラムを書いてください。

5-3
問5 ["カフェラテ", "モカ", "カプチーノ"]の配列からランダムで1つを表示してください。
問6 おみくじのプログラムを書いてください。出てくるのは、大吉、中吉、末吉、凶とします。

5-4
問7 [100, 50, 300]を小さい順に並べて表示してください。
問8 [100, 50, 300]を大きい順に並べて表示してください。
問9 "cba"を"abc"に変換して表示してください。

5-5
問10 ["100", "50", "300"]から"100,50,300"を作って表示してください。
問11 "100,50,300"から["100", "50", "300"]を作って表示してください。

5-6
問12 [1, 2, 3]の各要素を3倍した配列を作って表示してください。
問13 ["abc", "xyz"]の各要素を逆順にして、["cba", "zyx"]にして表示してください。
問14 ["aya", "achi", "Tama"]をすべて小文字に変換して、その後でアルファベット順に並べて["achi", "aya", "tama"]にして表示してください。アルファベットを小文字にするにはdowncaseメソッドを使うことができます。

CHAPTER

6

組で扱う - ハッシュ

> "彼はまたハッシュについても習っていた。これは辞書みたいなもので、小さな開いた本のように見える中括弧が両端にある。"
> —— _whyの（感動的）rubyガイド 第４章より

　カフェのメニューには商品名と値段が書かれています。このような「名前と値のセット」を取り扱うために、Rubyでは「ハッシュ」という道具が用意されています。ハッシュは辞書のように、データを整理して扱うことができるとても便利な道具です。

1	オブジェクトを組で扱う	P.144
2	キーと値の組を追加・削除する	P.149
3	ハッシュの要素を繰り返し処理する	P.152

CHAPTER 6　組で扱う - ハッシュ

6-1 オブジェクトを組で扱う

商品名と値段が書かれたカフェのメニューのような「名前と値のセット」を取り扱うために、Rubyでは「ハッシュ（Hash）」という道具が用意されています。ハッシュとはどのようなものか、どのように使うことができるのか、見ていきましょう。

ハッシュ（Hash）とは

　ハッシュは複数のオブジェクトをまとめることができる入れ物です。複数のデータを扱えることは配列と同じですが、ハッシュは「キー」と「値」のセットで複数のデータを扱うことができます。構造が似ている辞書にたとえて説明すると、辞書の「見出し語」がハッシュでは「キー」、辞書の「書かれた意味」がハッシュでは「値」になります。

　たとえば、とあるカフェでのメニューの商品名と値段を表現するケースを考えます。コーヒーが300円、カフェラテが400円というメニューを、ハッシュを使うと以下のように書けます。

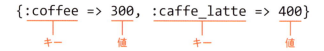

　ハッシュは`{`で始まり、`}`で終わります。`{`と`}`の間にカンマ区切りでキーと値の組をいくつでも書くことができます。記号`=>`の前に「キー」となるオブジェクトを書き、後ろに「値」となるオブジェクトを書きます。記号`=>`は見た目がロケットっぽいので、親しみをこめてハッシュロケットと呼ばれています。この例では`:coffee`キーに対応する値が`300`で、`:caffe_latte`キーに対応する値が`400`です。ハッシュのキーと値にはどんな種類のオブジェクトも書くことができます。ハッシュへさらに新しいキーと値の組を追加することもできますし、削除することもできます。追加と削除はこのあとの節で説明していきます。

　配列と同じように、ハッシュもオブジェクトです。配列のクラス名は`Array`でしたが、ハッシュのクラス名は`Hash`です。ハッシュのことを、ハッシュオブジェクト、または`Hash`オブジェクト、あるいはそのままハッシュと呼びます。

では、ハッシュをつくって画面に表示してみましょう。pメソッドへハッシュオブジェクトを渡します。

● hash1.rb

```
1: p( {:coffee => 300, :caffe_latte => 400} )
```

```
ruby hash1.rb ⏎
{:coffee=>300, :caffe_latte=>400}
```
　　　　キー　　　値　　　　キー　　　　　値

ハッシュ{:coffee ⇒ 300, :caffe_latte ⇒ 400}を表示するプログラムです。このプログラムでは、pメソッドにつづく括弧()を省略せずに書いています。ハッシュをpメソッドに渡すときに括弧を省略すると、文法の解釈があいまいになってエラーとなるためです。

さて、キーのところに見慣れない表現があります。この:coffeeと:caffe_latteはシンボルという新しい種類のオブジェクトです。シンボルとは何者なのでしょうか？　次はシンボルについて説明します。

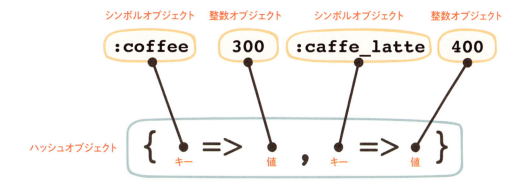

シンボル（Symbol）とは

カフェのメニューを表現したハッシュを、もう一度みてみましょう。

```
{:coffee => 300, :caffe_latte => 400}
```

キーの部分に書かれた:coffeeと:caffe_latteは、シンボルと呼ばれるオブジェクトです。シンボルは文字列と似ているオブジェクトです。文字列は"coffee"のようにダブルクォーテーションで囲みますが、シンボルはコロン記号(:)から始めます。ダブルクォーテーションでは囲まないので注意してください。:コーヒーのように日本語のシンボルも書くことができますが、あまり使うことはありません。

シンボルも文字列や整数と同じようにオブジェクトの種類の1つです。シンボルのクラス名はSymbolです。シンボルはハッシュのキーでラベルのように使われます。もちろん、ハッシュのキー以外の用途でも使えます。

シンボルは文字列と相互に変換することができます。文字列からシンボルへは`to_sym`メソッドを、シンボルから文字列へは`to_s`メソッドを使います。

● symbol.rb

```
1: p "coffee".to_sym #=> :coffee
2: p :coffee.to_s #=> "coffee"
```

 ハッシュには2つの書き方がある

ハッシュロケット`=>`は見た目はかっこいいのですが、打つのが面倒でもあります。そこで、ハッシュには別の書き方が用意されています。同じ意味のハッシュを、2種類の書き方で書くと次のようになります。

```
{:coffee => 300, :caffe_latte => 400}  ──❶
{coffee: 300, caffe_latte: 400}  ──❷
```

❶はここまで紹介した書き方で、❷は新しい書き方です。❷の書き方では、`:`の前にキーを書き、後に値を書きます。キーの部分は`:`で始まりませんが、シンボルになります。❷ではキーと値の組が直感的に分かりやすく、しかも書きやすいため、ハッシュの書き方の主流です。

なお、❷の書き方はハッシュのキーにシンボルを指定したときのみ使えます。ハッシュのキーに文字列などシンボル以外のオブジェクトを使うときは、❶のようにハッシュロケット`=>`を使って書きます。

```
{"コーヒー" => 300, "カフェラテ" => 400}
```

 変数に代入してハッシュに名前をつける

変数に代入してハッシュに名前をつけてみましょう。変数への代入は、ほかのオブジェクトのときと同じく、ハッシュオブジェクトに名札をつけるイメージです。

● hash2.rb

```
1: menu = {:coffee => 300, :caffe_latte => 400}  ──❶変数menuへ代入
2: p menu   ──❷変数menuに代入されているハッシュオブジェクトを表示
```

```
ruby hash2.rb ⏎
{:coffee=>300, :caffe_latte=>400}
```

❶の行でハッシュオブジェクトを作り、変数`menu`に代入しています。言い換えると、ハッシュオブジェクトに`menu`という名札をつけています。続けて❷の行で、変数`menu`に代入されているハッシュオブジェクトを表示しています。

```
        変数          キー        値         キー          値
        menu = { :coffee => 300, :caffe_latte => 400 } ハッシュオブジェクト
                 シンボルオブジェクト 整数オブジェクト  シンボルオブジェクト  整数オブジェクト
```

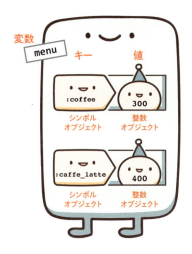

ハッシュから値を取得する

ハッシュから値を取得する方法を見てみましょう。さきほどの商品ごとの値段を記録したハッシュから、`:coffee`の値段を取得します。

● hash3.rb

```
1: menu = {coffee: 300, caffe_latte: 400}
2: p menu[:coffee]     ❶キーはcoffeeではなくて:coffeeと書くことに注意
```

ruby hash3.rb ⏎
300

ハッシュからキー`:coffee`に対する値300が取得できました。❶で、キーは`coffee`ではなく、`:coffee`と書くことに気をつけてください。キーはシンボルなので、先頭にコロン「:」がつきます。

値の取得はハッシュ[キー]という書き方をします。ここではハッシュが代入された変数`menu`を使って`menu[:coffee]`と書いています。これは、配列でn番目の要素を取得するときに配列[n]と書いたのと同様の書き方ですが、n番目ではなく、キーを書きます。書いたキーと組になっている値を取得します。

配列では「n番目を取得」したり、「全要素を取得」して使うことが多いのに対し、ハッシュは「キーの値を取得」という使い方が多いです。辞書で見出し語からその意味を取得する作業と似ていますね。

CHAPTER 6　組で扱う - ハッシュ

COLUMN
こんなハッシュも書くことができる

　ハッシュのキーの部分にはシンボルを使うことが多いのに対して、値の部分にはさまざまなオブジェクトを置きます。文字列や整数だけでなく、配列や別のハッシュを置くこともできます。

```
{title: "Ruby Book", members: ["yano", "beco"]}
```

　また、空のハッシュは{}と書きます。

ハッシュの書き方
キーがシンボルのときの書き方

```
{キー: 値, キー: 値}
```

キーがシンボル以外でも使える書き方

```
{キー => 値, キー => 値}
```

ハッシュのキーから値を取得

```
ハッシュ[キー]
```

- ハッシュ (Hash) オブジェクトは複数のオブジェクトをキーと値の組でまとめて扱うもの
- ハッシュは{で始まり、}で終わり、カンマ区切りでキーと値の組を複数書くことができる
- キーにはシンボルが使われることが多い
- {}は空のハッシュ
- ハッシュはキーから値を取得できる

6-2 キーと値の組を追加・削除する

作ったハッシュに後から要素を追加したり、削除したりしてみましょう。

ハッシュへキーと値の組を追加する

ハッシュへキーと値の組を追加してみましょう。カフェのメニューにモカ（`:mocha`）を追加するプログラムを書いてみます。

- **hash4.rb**

```
1: menu = {coffee: 300, caffe_latte: 400}
2: menu[:mocha] = 400        ——— キー :mocha, 値 400 の組を追加
3: p menu
```

```
ruby hash4.rb ⏎
{:coffee=>300, :caffe_latte=>400, :mocha=>400}
```

ハッシュ`menu`に対して`menu[:mocha] = 400`のようにキーと値の組を書きます。`menu[:mocha]`に対する代入と考えると覚えやすいでしょう。

追加したキーと値の組は末尾に追加されます。ハッシュも配列と同じように順番に並んでいますが、ハッシュではキーを指定して値を取得する使い方が多いため、順番を意識することはあまりないかもしれません。

ハッシュは同じキーを複数持てない

ハッシュにすでにあるキーで値を追加しようとするとどのようになるでしょうか？

- **hash5.rb**

```
1: menu = {coffee: 300, caffe_latte: 400}
2: menu[:coffee] = 350       ——— すでにあるキー :coffee を追加
```

```
3: p menu
```

```
ruby hash5.rb ⏎
{:coffee=>350, :caffe_latte=>400}    ─── キー:coffeeの値が350で上書きされた
```

このように、既にあるキーと値の組を追加すると、後から追加したもので上書きされます。ハッシュは同じキーを複数持つことはできません。

言い換えると、キーに対する値を上書きして変更するときには、代入と同様の方法で行うことができます。

存在しないキーを指定したとき

ハッシュから存在しないキーを指定して値を取得しようとすると、`nil`が得られます。

● hash6.rb
```
1: menu = {coffee: 300, caffe_latte: 400}
2: p menu[:tea]
```

```
ruby hash6.rb ⏎
nil
```

ハッシュ`menu`には存在しないキー`:tea`を指定して値を取得しようとしたところ、`nil`が得られました。配列で範囲外の要素を取得しようとしたときと同じですね。

ところで、存在しないキーを指定したときの値は、`default=`メソッドで設定することもできます。次のように書くと、存在しないキーで値を取得しようとしたとき、`nil`の替わりに`default=`メソッドで指定した`0`が得られます。

● hash7.rb
```
1: menu = {coffee: 300, caffe_latte: 400}
2: menu.default = 0    ─── キーがないときの値を設定
3: p menu[:tea]    ─── nilではなくdefaultに指定した0になる
```

```
ruby hash7.rb ⏎
0
```

2つのハッシュを1つにまとめる

2つのハッシュを1つにまとめるときは`merge`メソッドを使います。`merge`メソッドは元のハッシュと、指定したハッシュを1つにまとめて新しいハッシュを作るメソッドです。

● merge.rb

```
1: coffee_menu = {coffee: 300, caffe_latte: 400}
2: tea_menu = {tea: 300, tea_latte: 400}
3: menu = coffee_menu.merge(tea_menu)
4: p menu
```

ruby merge.rb ⏎
{:coffee=>300, :caffe_latte=>400, :tea=>300, :tea_latte=>400}

ハッシュ coffee_menu とハッシュ tea_menu をまとめた新しいハッシュ menu を作っています。

 ## ハッシュからキーと値の組を削除する

ハッシュからキーと値の組を削除するときは delete メソッドを使います。ハッシュ.delete(キー)と書くと、指定したキーと値の組を削除します。値を指定する必要はありません。

● delete.rb

```
1: menu = {coffee: 300, caffe_latte: 400}
2: menu.delete(:caffe_latte)
3: p menu
```

ruby delete.rb ⏎
{:coffee=>300}

ハッシュ menu から delete メソッドを使ってキー :cafe_latte とそれと組である値 400 を削除しています。ハッシュ menu にはキー :coffee と値 300 の組だけが残っています。

ハッシュへキーと値の組を追加

> ハッシュ[キー] = 値

- ハッシュへのキーと値の追加はハッシュ[キー] = 値
- ハッシュは同じキーを複数持てない
- ハッシュから存在しないキーを取得すると、nilを得る
- ハッシュからの削除はハッシュ.delete(キー)

6-3 ハッシュの要素を繰り返し処理する

ハッシュも複数のオブジェクトをまとめているので、配列と同じように全要素で繰り返し処理をするeachメソッドが用意されています。メソッドの名前も配列と一緒ですね。

ハッシュを繰り返し処理する

カフェでのメニューが書かれたハッシュを一覧表示してみましょう。

- each.rb

```
1: menu = {"コーヒー" => 300, "カフェラテ" => 400}
2: menu.each do |key, value|
3:   puts "#{key}は#{value}円です"
4: end
```

ハッシュのeachメソッドでは、ブロックの変数は2つ

```
ruby each.rb
コーヒーは300円です
カフェラテは400円です
```

`||`に挟まれた、ブロックの中の変数のところが`|key, value|`と変数2つになっています。配列のときは1つだけでしたね。ハッシュはキーと値の組なので、繰り返し処理のブロック中で両方が使えるようになっています。1つ目の変数にキーが、2つ目の変数に値が代入されて繰り返しが実行されます。変数の名前は、今回はキーと値を表す`key`と`value`を使いましたが、自由に名付けることができます。

- ハッシュの繰り返し処理

```
ハッシュ.each do |キーの変数, 値の変数|
    繰り返し実行する処理
end
```

```
menu = {"コーヒー" => 300, "カフェラテ" => 400}
menu.each do |key, value|
  puts "#{key}は#{value}円です"
end
```

繰り返し1回目

ハッシュの1つ目のキーと値の組を変数へ代入

key = "コーヒー"
value = 300

putsメソッドで"コーヒーは300円です"と表示

endまできたらまだ組が残っているのでdoへ戻る

2回目

ハッシュの2つ目のキーと値の組を変数へ代入

key = "カフェラテ"
value = 400

putsメソッドで"カフェラテは400円です"と表示

endまできたらもう次の組はないので、繰り返しを終わり、endの次の行へ

「キーだけを繰り返し処理したい」ときには、eachメソッドを使って変数valueを使わなくてもかまいません。または、each_keyメソッドという、キーだけで繰り返しを行うメソッドもあります。

● each_key.rb

```
1: menu = {"コーヒー" => 300, "カフェラテ" => 400}
2: menu.each_key do |key|     each_key メソッドでは、ブロックの変数は1つ
3:   puts key
4: end
```

```
ruby each_key.rb
コーヒー
カフェラテ
```

同様に値だけを繰り返しする`each_value`メソッドもあります。

- eachメソッドとブロックを使うとハッシュの全要素を繰り返し処理できる
- キーと値がそれぞれ変数に代入されて、繰り返し処理が実行される

CHAPTER 6　組で扱う - ハッシュ

練習問題

今回は練習問題を多めに用意しました。問題のレベルも上がってきていて、本の中だけでなく、現実世界の問題解決に応用できるレベルになってきています！

6-1

問1 次のハッシュ menu から、キー :caffe_latte に対応する値を取得して表示してください。

menu = {coffee: 300, caffe_latte: 400}

問2 次のハッシュ menu から、キー "モカ" に対応する値を取得して表示してください。

menu = {"モカ" => "チョコレートシロップとミルク入り", "カフェラテ" => "ミルク入り"}

6-2

問3 問1のハッシュ menu へ、キーが :tea、値が 300 の組を追加して表示してください。

問4 問1のハッシュ menu から、キーが :coffee の組を削除して表示してください。

問5 問1のハッシュ menu で、キー :tea に対応する値がなければ "紅茶はありませんか？" と表示してください。

問6 問1のハッシュ menu で、キー :caffe_latte の値が 500 以下であれば "カフェラテください" と表示してください。

問7 (上級問題)文字列 "caffelatte" の中で使われているアルファベットと、その回数を数えてください。ヒント：ハッシュを作って、アルファベットの各文字をキー、回数を値にセットしていきます。"caffelatte" を1文字ずつの配列に分解するには chars メソッドを使います。

6-3

問8 menu = {"コーヒー" => 300, "カフェラテ" => 400}の全組を、「コーヒー - 300円」の形で表示してください。

問9 問8のプログラムを書き換えて、値が 350 以上のものだけ表示してください。

問10 問8のプログラムを書き換えて、menu に空ハッシュ {} を代入した状態で実行してください。

問11 menu = {"コーヒー" => 300, "カフェラテ" => 400}から、全キーを持つ配列(["コーヒー", "カフェラテ"])を作ってください。

CHAPTER 7

小さく分割する - メソッド

"見ての通り、哀れな小さな星を集める仕事はあなたにかかっているのだ。あなたがやらなければ、それは単に消えてしまう。メソッドを使ったときはいつも何かが返ってくる。あなたはそれを無視してもいいし使ってもいい。"
── _whyの（感動的）rubyガイド 第4章より

　プログラムが大きくなってきたときに、意味のあるまとまりで分割することで、書きやすく、また読みやすいプログラムにすることができます。また、同じ処理は1カ所にまとめて書くことで共同利用することもできます。この章では「メソッド」を使ってプログラムを分割して書く方法について説明していきます。

1	メソッドを作って呼び出す	P.156
2	メソッドへオブジェクトを渡す	P.161
3	引数の便利な機能を使う	P.168
4	変数には見える範囲がある	P.173

7-1 メソッドを作って呼び出す

メソッドは「処理のかたまりを部品化して名前をつけたもの」です。これまでに出てきたメソッドを改めておさらいして、メソッドを自分で作って呼び出してみましょう。

メソッドとは

　メソッドは名前をつけた「処理の部品」です。これまでにも`puts`メソッドや`p`メソッドを使ってきました。また、配列には`each`や`uniq`や`sum`など、多くのメソッドがありました。これらはRubyがあらかじめ用意しているメソッドです。

　`puts`や`p`は「画面に表示する処理」の部品、`sum`は「合計値を計算する処理」の部品、といった具合です。名前をつけて部品にしておくことにはメリットがあります。ある処理を書くときに、1からすべてのプログラムを書くのではなく、すでに用意されている名付けられた処理の部品、つまりメソッドを使うことで、プログラムをかんたんに書くことができます。`puts`メソッドが画面に表示する部品として用意されていることで、`puts 1`という短いプログラムで画面に`1`を表示することができるわけです。

　また、`sum`メソッドをつかえば、配列の全要素の合計をかんたんに計算できるだけでなく、プログラムもぐっと読みやすくなります。次の2つのプログラムを読み比べてみてください。

● sum1.rb

```
1: a = [1, 2, 3]
2: puts a.sum #=> 6
```

● sum2.rb

```
1: a = [1, 2, 3]
2: sum = 0
3: a.each do |x|
4:   sum += x
5: end
6: puts sum #=> 6
```

sum1.rbは配列[1, 2, 3]にsumメソッドを呼び出して、配列の全要素を足した値6を得ています。

sum2.rbは配列[1, 2, 3]にeachメソッドを呼び出して、ブロック中で変数sumへ各要素を加えて合計を計算しています。sum += xはsum = sum + xの短い書き方です。

sumメソッドを使った方はとても短く書けています。書くのも読むのも短時間でできるので、あまった時間でコーヒーを1杯飲めるでしょう。その上さらに、「英語でsumは合計って意味だから、合計値を計算しているのだろう」という類推もできる、読みやすいプログラムになっています。

> sumメソッドはRuby 2.4で追加されました。Ruby 2.3以前では代わりにinject(:+)を使います。

メソッドを定義する

Rubyが用意しているメソッドの便利さについて見てきました。メソッド、便利そうですよね？ ああ、こんな便利なものを自分でも作ることができたなら・・・。大丈夫です！ ちゃんと自分でもメソッドを作れる仕組みが用意されています。

題材として、辺の長さが2である正方形の面積を計算するプログラムを書いてみましょう。まずは、メソッドを使わずに書きます。

● def1.rb

```
1: puts 2 * 2 #=> 4
```

ではメソッドを作ってみましょう！ メソッドを作ることを「メソッドを定義する」といいます。

● def2.rb

```
1: def area          ──── area（面積）という名前のメソッドを定義 ここから
2:   puts 2 * 2      ──── メソッドの処理（メソッド定義だけでは実行されない）
3: end               ──── areaメソッド定義 ここまで
```

```
ruby def2.rb ⏎
                   ──── 何も表示されません
```

実行しても何も表示されませんが、意図通りです。メソッド中の処理puts 2 * 2はメソッド定義のときには実行されません。あとからメソッドが呼び出されたときに実行されます。さっそく、メソッド呼び出しもしてみたいところですが、先にメソッド定義の説明をします。

メソッドを定義するには、defにつづいてメソッド名を書きます。defはあとにつづく名前の

メソッドを定義します。ここでは、area（面積）と名付けました。defの次の行からメソッドでの処理を書き、endを書いて終わります。ブロックではないので、doは不要です。メソッド中はインデントを下げて書きます。メソッドの中では、辺の長さ2の正方形の面積を計算して画面に表示する処理をしています。

メソッドの名前には英字、数字、_などを使うことができます。ただし、数字から始めることはできません。慣習では、英字はすべて小文字で書き、2単語以上をつなげるときは_を間にいれます。

 ## メソッドを呼び出す

では、さきほど定義したareaメソッドを実行してみましょう。メソッドを実行することを「呼び出す」といいます。

● def3.rb

```
1: def area
2:   puts 2 * 2
3: end
4:
5: area          ─── 定義したareaメソッドを呼び出し
```

```
ruby def3.rb ⏎
4
```

定義したメソッドは、メソッド名を書くことで呼び出す（実行する）ことができます。areaと書くとメソッドが呼び出され、メソッド中の処理を実行し、2 * 2を計算して画面に表示します。

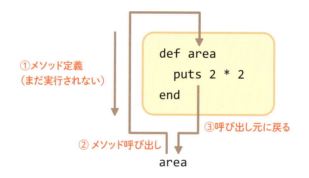

 ## メソッドの戻り値とは

メソッドを定義して一息ついたところ、「結果は表示するのではなくて、変数や配列に入れて別のところで使いたい」という要望がどこからともなく出てきました。さきほど書いたareaメソッドは計算をして、putsで画面に表示します。計算する機能と表示する機能の2つへ分割で

きないでしょうか。

　そんなこともあろうかと、メソッドにはオブジェクトを呼び出し元へ返す「戻り値」の仕組みがあります。配列のsumメソッドやsizeメソッドで結果を取得するのに使ったのはこの「戻り値」の仕組みです。

　私たちが作ったメソッドも、戻り値を使ってメソッドの呼び出し元へ計算結果を返すように書き換えてみましょう。メソッドの中で最後に実行された結果が戻り値となります。

● def4.rb

```
1: def area
2:   2 * 2  ──── メソッドの最後の実行結果 4 が戻り値として呼び出し元へ返る
3: end
4:
5: puts area  ──── メソッド呼び出し area が戻り値である 4 で置き換わって puts 4 となる
```

```
ruby def4.rb ⏎
4
```

メソッドは最後の実行結果が戻り値として呼び出し元へ返る仕組みです。そこで、areaメソッドの中でputsするのをやめて、計算した結果の整数オブジェクト（ここでは4）を戻り値として返すように変更しました。呼び出し元では返ってきた戻り値をputsを使って画面に表示しています。

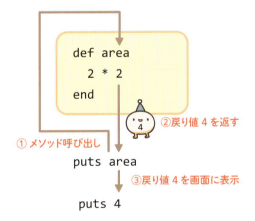

戻り値は変数に代入することもできます。

● def5.rb

```
1: def area
2:   2 * 2  ──── 戻り値は 4
3: end
4:
5: result = area  ──── area が戻り値 4 で置き換わって result = 4 となる
6: puts result
```

CHAPTER 7　小さく分割する - メソッド

```
ruby def5.rb ⏎
4
```

　areaメソッドの戻り値4を、変数resultに代入しています。これで、結果を使ってさらに別の計算をしたり、画面ではなくファイルへ書き出したりするなど、画面に表示する以外のケースでもareaメソッドを利用できるようになって利用範囲が広がりました。

　この例では、戻り値として1つのオブジェクトを返しています。もしも複数のオブジェクトを返したいときは、たとえば配列へ入れて1つにまとめればOKです。また、戻り値は呼び出し元で使わずに無視しても問題ありません。たとえばputsメソッドのように、普通は戻り値を使わないメソッドもあります。

　これでメソッドが作れるようになり、戻り値を返すことで結果を利用できる範囲を増やしました。次は、このメソッドの利用範囲をさらに広げていきます。

メソッド定義

```
def  メソッド名
    処理
end
```

メソッド呼び出し

```
メソッド名
```

- メソッドは「処理の部品」に名前をつけたもの
- メソッド定義（作成）はdefを使う
- メソッドは定義しただけでは中の処理は実行されない
- 定義したメソッドは呼び出すことで実行される
- メソッドはオブジェクトを呼び出し元に返す戻り値の仕組みがある
- メソッドで最後に実行した結果が戻り値になる

7-2 メソッドへオブジェクトを渡す

戻り値を使うことで、メソッドから呼び出し元へオブジェクトを返すことができました。逆に「引数」という機能を使うことで、呼び出し元からメソッドへオブジェクトを渡すことができます。

引数を使ってオブジェクトを渡せるメソッドを定義する

def5.rbで辺の長さが2の正方形の面積を計算するareaメソッドを定義しました。ここでareaメソッドを拡張して「辺の長さxの正方形の面積を計算して」と、辺の長さをメソッドに指示することができれば、辺の長さが違う正方形の面積も求められます。

そんなこともあろうかと、メソッドには引数というオブジェクトを渡す機能が用意されています。

● def6.rb

```
1: def area(x)          ❷引数の2をxへ代入
2:   x * x              ❸2 × 2を計算し、戻り値4を返す
3: end
4:
5: puts area(2)         ❶メソッド呼び出し(引数は2)
```

```
ruby def6.rb ⏎
4
```

まずは呼び出し元から見ていきましょう。❶でメソッドを呼び出すときに、area(2)のようにメソッド名につづいて()内に渡すオブジェクトを書きます。ここでは2が引数としてメソッドへ渡されます。

次はメソッド定義側です。def area(x)のようにメソッド名につづいて()の中に変数を書きます。この変数xも引数と呼びます。❷では、呼び出し元から渡されたオブジェクトが、この変数へ自動的に代入されます。ここでは変数xへ2が代入されます。この変数はメソッドの中で使うことができます。

161

❸では、変数xを使ってx * xの面積の計算をしています。メソッドの最後の実行結果が戻り値として返ります。ここでxには2が代入されているので、2 * 2の結果である4が戻り値となります。

再び呼び出し元へ戻ります。戻り値の4でarea(2)が置き換えられ、puts 4が実行されます。

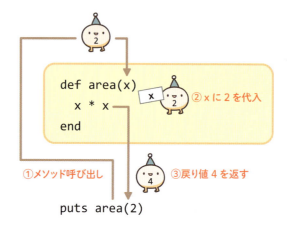

引数の仕組みをまとめると次のようになります。メソッド定義のdefでメソッド名の後ろに続けて(変数x)と書くと、メソッド呼び出しで引数としてオブジェクトを渡せるようになります。変数xには、呼び出し側から引数として渡ってきたオブジェクトが自動で代入されます。変数xは一般の変数と同じく、自由に名付けることができます。

メソッド呼び出しで引数を渡すときは、area(2)のようにメソッド名につづけて括弧書きで引数を書きます。areaメソッドが呼び出され、2が引数として渡されます。

これで辺の長さを引数で渡すareaメソッドを作ることができました。どんな辺の長さの正方形でも面積を計算できるようになりました！ さっそく、辺の長さ3の正方形の面積を求めるプログラムに書き換えてみましょう。

● def7.rb

```
1: def area(x)      ——— 引数の3をxへ代入
2:   x * x          ——— 3 × 3を計算し、戻り値9を返す
3: end
4:
5: puts area(3)     ——— メソッド呼び出し(引数は3)
```

```
ruby def7.rb ⏎
9
```

area(3)でもarea(2)のときと同様に正方形の面積が求められていますね。「どんな辺の長さでも正方形の面積を計算して表示するメソッド」という使える範囲が広いメソッドを作ることができました。

まとめると、引数はメソッドへオブジェクトを渡す機能です。そして、戻り値はメソッドから呼び出し元へオブジェクトを返す機能です。これらは対になる機能で、受け渡す方向が逆になります。

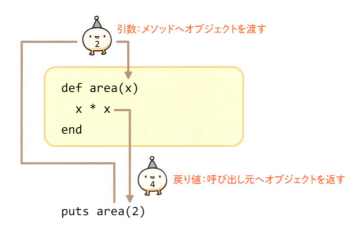

2つ以上の引数を持つメソッドを定義する

今度は長方形の面積を求めるメソッドを作ってみましょう。長方形の面積は2つの辺の長さを掛けあわせます。引数を2つ渡して辺の長さを計算するメソッドを書いてみましょう。

- def8.rb

```
1: def area(x, y)         ❷xに2、yに3を代入
2:   x * y                ❸2 × 3の結果である戻り値6を返す
3: end
4:
5: puts area(2, 3)        ❶メソッド呼び出し（引数は2と3）
```

```
ruby def8.rb ⏎
6
```

メソッド定義では、`def area(x, y)`とカンマで区切って引数を2つ書いています。❶でのメソッド呼び出しは、`area(2, 3)`とカンマで区切って渡す引数を書きます。❷では、呼び出し元で書かれた順に、変数へ順に代入されます。`x`に2が、`y`に3が代入されます。❸では`x * y`を計算し、戻り値6を返します。

引数は3つ以上にすることもできます。原則として、引数の個数はメソッドの定義側と呼び出し元で同数にする必要があります。

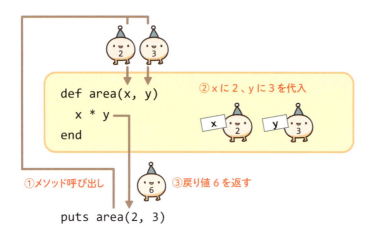

メソッドを途中で終わらせる - return

注文のお礼を伝えてレシートを渡す次のようなメソッドを考えます。

- return1.rb

```
1: def thanks_and_receipt
2:   puts "ありがとうございました。"
3:   puts "こちら、レシートになります。"
4: end
5:
6: thanks_and_receipt
```

```
ruby return1.rb ⏎
ありがとうございました。
こちら、レシートになります。
```

メソッド`thanks_and_receipt`を呼び出すと、「ありがとうございました。」と「こちら、レシートになります。」を表示します。

レシートを受け取らないお客さんへは、「こちら、レシートになります。」を省略して言わないように変更してみましょう。メソッドを途中で終わらせるには、`return`を書きます。

- return2.rb

```
1: def thanks_and_receipt
2:   puts "ありがとうございました。"
3:   return          ここでメソッドが終わる
4:   puts "こちら、レシートになります。"        この行は実行されない
5: end
6:
7: thanks_and_receipt
```

164

```
ruby return2.rb ⏎
ありがとうございました。
```

`return`を書くとそこでメソッドの処理が終わり、呼び出し元へ戻ります。`return`より後に書かれた行は実行されません。

`return`を使ってメソッドを終わらせることができたので、次は`return`するかどうかを引数によって切り替えてみましょう。

● return3.rb

```
1: def thanks_and_receipt(receipt)
2:   puts "ありがとうございました。"
3:   unless receipt  ――――receiptがfalseのときに次の行を実行
4:     return
5:   end
6:   puts "こちら、レシートになります。"
7: end
8:
9: thanks_and_receipt(false)
```

```
ruby return3.rb ⏎
ありがとうございました。
```

`thanks_and_receipt(false)`のように引数に`false`を渡すと、変数`receipt`へ`false`が代入されます。変数`receipt`の値が`false`なので`unless`の条件が満たされません。`unless`は条件が満たされないときに処理を実行します。そのため、`return`が実行され、メソッドの処理が終わり呼び出し元へ戻ります。画面には「"ありがとうございました。"」だけが表示されます。

一方で、`thanks_and_receipt(true)`のように引数に`true`を渡すと、`unless`の条件が満たされます。その結果、`return`が実行されずに「こちら、レシートになります。」まで表示されます。

`return`には戻り値を指定する機能もあります。`return`を使ったときに戻り値を返したい場合は、`return`につづいて戻り値を書きます。`return`が実行されないときは、今まで通り最後に実行した処理が戻り値になります。

CHAPTER 7　小さく分割する - メソッド

● return4.rb

```
 1: def thanks_and_receipt(receipt)
 2:   greeting = "ありがとうございました。"
 3:   unless receipt          ────receiptがfalseのときに次の行を実行
 4:     return greeting       ────returnを実行し、変数greetingに代入されたオブジェクトを戻り値にする
 5:   end
 6:   greeting + "こちら、レシートになります。"   ────"こちら、レシートになります。"を追加して戻り値にする
 7: end
 8:
 9: puts thanks_and_receipt(true)   #=> ありがとうございました。こちら、レシートになります。
10: puts thanks_and_receipt(false)  #=> ありがとうございました。
```

```
ruby return4.rb ⏎
ありがとうございました。こちら、レシートになります。
ありがとうございました。
```

`thanks_and_receipt`メソッドを文字列を返すように変更しました。引数として`true`を渡すと、メソッドの最後の実行結果`greeting + "こちら、レシートになります。"`が返ります。
　引数として`false`を渡すと、`return greeting`が実行されます。`return`はあとにつづくオブジェクトを戻り値とするので、変数`greeting`に代入された`"ありがとうございました。"`が戻り値となります。

COLUMN

メソッドの( )は省略可能

　def6.rbで`area(2)`とメソッド呼び出しを書きました。ここで( )を省略して`area 2`と書くこともできます。あいまいではない範囲でメソッドの( )は省略することができるのです。「あいまいではない」は「別の解釈ができない」とも言えます。あいまいなときはエラーが出るので、そのときは省略せずに( )を書いて試してみてください。
　また、引数がないメソッドの呼び出しにも( )をつけることができます。たとえば、def3.rbの`area`を`area()`と書くことができます。
　メソッド呼び出しの( )だけでなく、定義に書いている( )も省略可能です。def6.rbの`def area(x)`を`def area x`と書くこともできます。呼び出しの( )は省略されることも多いことに対して、定義の( )はあまり省略されないことが多いようです。ただし、引数が0個のときだけは、定義の( )も省略して書くことが多いです。
　さて、実はこれまでも( )を省略した書き方でメソッド呼び出ししていたものがあります。

`puts 1`

`p 1`

　`puts`メソッドや`p`メソッドです。`puts`メソッドの後ろに書いていたオブジェクト(ここでは1)は、( )を省略して引数として`puts`メソッドへ渡しています。`puts 1`は`puts(1)`の( )を省略したものです。

引数を持つメソッドの定義

```
def メソッド名(引数1, 引数2, ...)
    処理
end
```

引数を渡すメソッド呼び出し

```
メソッド名(引数1, 引数2, ...)
```

- メソッド定義で引数を設定すると、呼び出し元からメソッドへオブジェクトを渡すことができる
- `return`を実行すると、そこでメソッドの処理を終えることができる
- `return`が実行されたときは、`return`に続いて書いたオブジェクトが戻り値となる

CHAPTER 7　小さく分割する - メソッド

7-3 引数の便利な機能を使う

引数を使うとメソッドにオブジェクトを渡すことができることを見てきました。この節では、その引数を便利に活用する仕組みであるデフォルト値とキーワード引数を説明します。

 引数を省略したときのデフォルト値

カフェで注文するプログラムを作ります。注文したい品物を引数で指定すると、「カフェラテをください」のように「〜〜をください」という文字列を返してくれるorderメソッドを定義してみましょう。

● order1.rb

```
1: def order(item)
2:   "#{item}をください"
3: end
4:
5: puts order("カフェラテ")
6: puts order("モカ")
```

```
ruby order1.rb ⏎
カフェラテをください
モカをください
```

さて、カフェに幾度か通って同じ注文を続けたため、注文を言わなくてもコーヒーが出てくるようになったとしましょう（筆者は近所のカフェで執筆を続けた結果、この状態になって嬉しくなりました）。これをプログラムで実現するにはどうすればいいでしょうか。

メソッドの引数には、デフォルト値を指定することができます。デフォルト値とは、引数を省略してメソッドが呼び出されたときに使われる値です。デフォルト値を指定するには、メソッド定義で引数 = デフォルト値と書きます。

● order2.rb

```
1: def order(item = "コーヒー")         ── itemのデフォルト値に"コーヒー"を指定
2:   "#{item}をください"
3: end
4:
5: puts order                          ── 引数を省略して呼び出すと"コーヒーをください"が返される
6: puts order("カフェラテ")
7: puts order("モカ")
```

ruby order2.rb ⏎
コーヒーをください
カフェラテをください
モカをください

このプログラムでは引数itemのデフォルト値に"コーヒー"を指定しています。orderメソッドの呼び出し時に引数を省略すると、変数itemにデフォルト値である"コーヒー"が代入されます。引数を指定した場合は、デフォルト値は使われません。

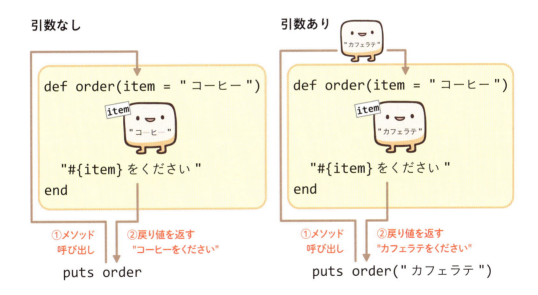

☕ 引数の順番を変えられるキーワード引数

さきほどの品物を指定して注文するプログラムを、サイズも指定できるように変更します。新しくsizeを追加しました。また、itemに指定していたデフォルト値は外しておきます。

● order3.rb

```
1: def order(item, size)
2:   "#{item}を#{size}サイズでください"
```

```
3: end
4:
5: puts order("カフェラテ", "ベンティ")
6: puts order("ベンティ", "カフェラテ")  ──── 引数の順番を間違えた
```

```
ruby order3.rb ⏎
カフェラテをベンティサイズでください
ベンティをカフェラテサイズでください  ──── 変な文になってしまった
```

「カフェラテをベンティサイズで」と注文するときは、`order("カフェラテ", "ベンティ")`のように品物とサイズを引数に指定します。

これは良くできた！ と思っていたのですが、「ベンティサイズのカフェラテを」と注文しようとして、`order("ベンティ", "カフェラテ")`と呼び出したところ、「ベンティをカフェラテサイズでください」と変な文になってしまいました。

引数を渡す順番を直せば良いのですが、このプログラムだと、`item`が先、`size`が後、と順番を覚えておく必要があります。引数の数がさらに増えれば、正しい順番を覚えることがもっと難しくなっていきます。

こんなときは、キーワード引数を使うと問題を解決できます。メソッド定義で引数名の後ろに`:`をつけると、キーワード引数になります。キーワード引数を使うと、メソッドを呼び出すときに引数を名前（キーワード）つきで指定できます。さきほどのプログラムをキーワード引数を使って書き換えてみましょう。

● order4.rb

```
1: def order(item:, size:)    ──── 引数名の後ろに:をつけるとキーワード引数になる
2:   "#{item}を#{size}サイズでください"
3: end
4:
5: puts order(item: "カフェラテ", size: "ベンティ")   ──── 引数を名前つきで指定できる
6: puts order(size: "ベンティ", item: "カフェラテ")   ──── 引数の順番も変えられる
```

```
ruby order4.rb ⏎
カフェラテをベンティサイズでください
カフェラテをベンティサイズでください
```

キーワード引数を使ったメソッドを呼び出すときは`order(item: "カフェラテ", size: "ベンティ")`のように書きます。呼び出しの書き方を覚えるときは、`{}`を省略したハッシュと同じと考えてみてください。キーワード引数は、引数の順序を変えても呼び出せるという大きなメリットがあります。

これで引数を書く順番を間違える問題を解決できました。また、メソッド呼び出しのときにキーワードを書けるので、"ベンティ"がサイズの1つであることが分かりやすくなっているメリットがありますね。

キーワード引数を使うと引数をラベルのように書け、引数の指定順序も変えられます。プログラムが読みやすくなるメリットがあるので、引数が2つ以上になったときは利用を検討してみてください。もちろん、引数が1つのときにも使えます。一方で、メソッドの呼び出し元でもキーワードを書くため、プログラムが長くなるデメリットもあります。普通の引数とキーワード引数と、どちらか良い方を選んで使ってください。

キーワード引数でのデフォルト値

キーワード引数でもデフォルト値を使うことができます。さきほどのプログラムの引数`size`にデフォルト値を設定して、`size`を省略できるようにしましょう。キーワード引数にデフォルト値を設定するときは、引数名： デフォルト値のように書きます。イコール（=）は書きませんので気をつけてください。

● order5.rb

```
1: def order(item:, size: "ショート")        ────sizeのデフォルト値に"ショート"を設定
2:   "#{item}を#{size}サイズでください"
3: end
4:
5: puts order(item: "カフェラテ")            ────省略するとデフォルト値が使われる
6: puts order(item: "カフェラテ", size: "ベンティ")
```

```
ruby order5.rb ⏎
カフェラテをショートサイズでください
カフェラテをベンティサイズでください
```

このプログラムではデフォルト値を引数`size`のみに指定しました。デフォルト値を指定していない引数`item`は省略できません。デフォルト値は全ての引数に指定することも可能ですし、1つも指定しないことも可能です。

CHAPTER 7　小さく分割する - メソッド

まとめ

メソッド定義 デフォルト値あり

```
def メソッド名(引数1 = デフォルト値1, 引数2 = デフォルト値2, ...)
    処理
end
```

メソッド定義 キーワード引数

```
def メソッド名(引数1: , 引数2: , ...)
    処理
end
```

メソッド定義 キーワード引数 デフォルト値あり

```
def メソッド名(引数1: デフォルト値1, 引数2: デフォルト値2, ...)
    処理
end
```

メソッド呼び出し キーワード引数

```
メソッド名(引数1: オブジェクト1, 引数2: オブジェクト2, ...)
```

- 引数にデフォルト値を設定すると、メソッドの呼び出し時に引数を省略できる
- キーワード引数を使うと、メソッドの呼び出し時に引数を名前付きで指定できる
- キーワード引数を使うと、メソッドの呼び出し時に引数を書く順番を変えられる

7-4 変数には見える範囲がある

ここまででメソッドをつくる方法を見てきました。メソッドは処理のかたまりを独立させて名前をつけたものです。メソッドでは、変数にも処理を独立させるための工夫がされています。

ローカル変数とスコープ

メソッドを使うと、処理のかたまりを独立させることができます。できるだけ独立させたいので、「うっかり同じ名前の変数を使っちゃって動きが変になっちゃった！」といった問題は起きない方が親切です。このような問題を防ぐために、メソッドの中と外とで変数の見える範囲を制限する機能がついています。

次の2つのプログラムを例に、変数の見える範囲について実験をしましょう。

● variable1.rb

```
1: def hello
2:   text = "こんにちは"      ──❶ここで変数に文字列を代入して
3:   p text                  ──❷ここで変数を使う
4: end
5:
6: hello
```

```
ruby variable1.rb ⏎
"こんにちは"
```

helloメソッド内❶で文字列を代入した変数textを、同じメソッド内❷で使っています。これは予想した動きですね。

では、次のプログラムはどうでしょうか？ helloメソッド内の変数textを、メソッドの外で使おうとしています。

- variable2.rb

```
1: def hello
2:   text = "こんにちは"          ──❶ここで変数に文字列を代入して
3: end
4:
5: hello
6: p text                       ──❷ここで変数を使う
```

```
ruby variable2.rb ⏎
variable2.rb:6:in `<main>': undefined local variable or method `text'
  for main:Object (NameError)
```

プログラムを実行すると、❷のtext変数を使おうとするところでエラーになりました。「textという変数またはメソッドは定義されていない」というエラーメッセージが出ています。実は、メソッド内で定義した変数は、メソッドの外からは見えません。helloメソッド内の変数textは、メソッドの外からは使えないのです。また、helloメソッドの実行が終わると、メソッド内の変数textと、それが指す文字列オブジェクト"こんにちは"は役目を終えて破棄されます。

このように、変数には見える範囲と寿命があります。変数の見える範囲と寿命のことを、「スコープ」といいます。ここまでにでてきた変数たちはローカル変数と呼ばれます。スコープが最も狭い変数です。スコープがより広く、長生きの変数も後の章で出てきます。

さて、メソッド内のローカル変数はメソッドの外からは見えませんでした。では逆のパターン、メソッドの外で定義されたローカル変数はメソッド内で見ることができるのでしょうか？　実験してみましょう。

- variable3.rb

```
1: text = "こんにちは"            ──❶ここで変数に文字列を代入して
2:
3: def hello
4:   p text                     ──❷ここで変数を使う
5: end
6:
7: hello
```

```
ruby variable3.rb ⏎
variable3.rb:4:in `hello': undefined local variable or method `text'
  for main:Object (NameError)
 from variable3.rb:7:in `<main>'
```

❷のtext変数を使おうとするところで、「textという変数またはメソッドは定義されていない」というエラーになります。メソッドの外に書いてある変数も、メソッドの中では見えません。メソッドの中で必要なオブジェクトは、引数を使って渡します。

7-4 変数には見える範囲がある

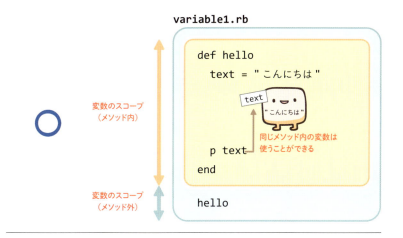

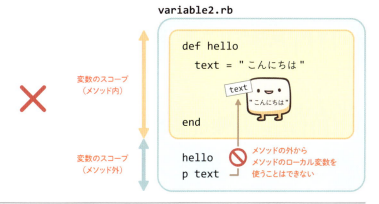

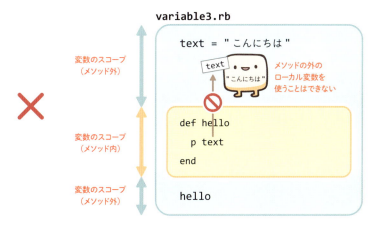

- 変数にはスコープ（見える範囲と寿命）がある
- ローカル変数は、定義したメソッドの中がスコープになり、メソッドの外では見えない
- 同様に、メソッドの外で定義したローカル変数は、メソッドの中では見えない

CHAPTER 7　小さく分割する - メソッド

練習問題

7-1

問1 カフェで注文をする「カフェラテをください」を表示するorderメソッドを定義して呼び出してください。

7-2

問2 辺の長さが3の正方形の面積を計算して戻り値とするareaメソッドを書いてください。メソッドを呼び出して戻り値を受け取り、その戻り値を画面に表示してください。

問3 サイコロを振って出た目を戻り値とするdiceメソッドを書いてください。呼び出して戻り値を画面に表示してください。1から6までの中の1つをランダムに取得するには、たとえば[1, 2, 3, 4, 5, 6].sampleと書きます。sampleメソッドは、戻り値として配列の要素の中からランダムに1つを返すメソッドです。

7-3

問4 カフェで注文をする、「○○をください」を表示するorderメソッドを定義して呼び出してください。引数で注文する商品をメソッド呼び出し時に渡せるようにしてください。そして、「カフェラテをください」と「モカをください」を表示してください。

問5 問3で作ったdiceメソッドを変更します。サイコロを振って1が出たら「もう1回」と表示し、さらにサイコロをもう一度振り直すようにしてください。

7-4

問6 品物の値段を返すpriceメソッドを作ります。キーワード引数でitemを渡し、itemが"コーヒー"のときは300を、"カフェラテ"のときは400を戻り値として返してください。

問7 問6に加えて、キーワード引数でsizeを渡し、sizeによって値段を上乗せしてください。sizeが"ショート"のときは+0円、"トール"のときは+50円、"ベンティ"のときは+100円としてください。

問8 問7を変更し、sizeが渡されないときのデフォルト値として"ショート"を設定してください。

7-5

問9 次のプログラムはエラーになります。エラーにならずに「コーヒーをください」と表示するようにプログラムを書き換えてください。

- drink_order.rb

```
1:  def order
2:    puts "#{drink}をください"
3:  end
4:
5:  drink = "コーヒー"
6:  order
```

CHAPTER

8

部品をつくる - クラス

"白く長い花びらをムービーのライブラリに移すとき、彼女はあたたかい寒気を感じた。それはあまりに権威的に感じられた。私はお前を選ぶ。私はお前を名付ける。未来永劫、快適な私の宮殿に住まわせる。"
── _why の（感動的）ruby ガイド 第 4 章より

　この章ではプログラムを整理して書くための仕組みであるクラスを説明します。これまでに出てきたオブジェクトがクラスに属していること、自分でもクラスを作ることができることを説明します。この章を学ぶと、新しいクラスを作れるようになり、違った特徴を持った新しい種族のオブジェクトを作れるようになります。

1	クラスとは	P.178
2	クラスを作る	P.182
3	オブジェクトが呼び出せるメソッドを作る	P.186
4	オブジェクトにデータを持たせる	P.193
5	オブジェクトが作られるときに処理を行う	P.200
6	クラスを使ってメソッドを呼び出す	P.203
7	継承を使ってクラスを分ける	P.207
8	メソッドの呼び出しを制限する	P.213

CHAPTER 8　部品をつくる - クラス

8-1 クラスとは

ここまでで整数オブジェクト、文字列オブジェクトなど、いろいろな種類のオブジェクトを扱ってきました。このオブジェクトごとの違い、その種類を決めている仕組みが「クラス」です。クラスとはどういうものなのかを見ていきましょう。

オブジェクトはクラスに属している

これまでに、たくさんのオブジェクトを使ってきました。たとえば、次のようなオブジェクトです。

● さまざまなオブジェクト

例	オブジェクト名	クラス名
1, 2, 100	整数オブジェクト	Integer
"カフェラテ", "hello", ""	文字列オブジェクト	String
[1, 2, 3], ["コーヒー", "カフェラテ"], []	配列オブジェクト	Array

オブジェクトは異なる特徴を持っていますが、すべてのオブジェクトがばらばらというわけでもありません。たとえば整数オブジェクトである 1、2、100 は even? メソッドで偶数かどうかを判断できるという同じ特徴を持っています。配列オブジェクト [1, 2, 3]、["コーヒー", "カフェラテ"]、[] は size メソッドで要素数を得ることができます。

この仕組みとして使われているのが「クラス」です。
クラスとは「オブジェクトの種族を表すもの」です。すべてのオブジェクトは、いずれかのクラスに属しています。どのクラスに属しているかは、class メソッドで調べることができます。いろいろなオブジェクトに対して実行して、属するクラスを調べてみましょう。

NOTE

　Ruby 2.3とそれより前のバージョンではIntegerクラスは細分化されていてFixnumクラスとBignumクラスに分かれています。次の結果のうちIntegerのところがFixnumとなります。

● class1.rb

```
 1: p 1.class #=> Integer
 2: p 2.class #=> Integer
 3: p 100.class #=> Integer
 4:
 5: p "カフェラテ".class #=> String
 6: p "hello".class #=> String
 7: p "".class #=> String
 8:
 9: p [1, 2, 3].class #=> Array
10: p ["コーヒー", "カフェラテ"].class #=> Array
11: p [].class #=> Array
```

　classメソッドの結果から、1、2、100といったオブジェクトたちはInteger（整数）クラスに属する、同じ種族であることが分かります。同様に"カフェラテ"、"hello"、""たちはStringクラスの一族、[1, 2, 3]、["コーヒー", "カフェラテ"]、[]たちはArrayクラスの一族です。

　クラスに属するオブジェクトを、そのクラスの「インスタンス」であるともいいます。インスタンスはオブジェクトとほぼ同じ意味で使いますが、「クラスから作ったオブジェクトである」「そのクラスに属する」ということを強調したいときに使います。
　オブジェクトは、所属するクラスが用意しているメソッドを使うことができます。Integerクラスのオブジェクトたちには、整数を扱うときに便利なメソッドがいろいろ用意されています。たとえば、偶数かどうかを判断するeven?メソッドです。

● class2.rb

```
1: p 1.even? #=> false
2: p 2.even? #=> true
3: p 100.even? #=> true
```

　even?メソッドを実行すると、1は奇数なのでfalseを返し、2と100は偶数なのでtrueを返します。
　一方で、"hello"はString、[1, 2, 3]はArrayクラスに属するオブジェクトです。例えば、先ほどのeven?は、Stringなどのほかのクラスに属するオブジェクトでは使えません。

● class3.rb

```
1: p 1.even? #=> false
2: p "カフェラテ".even? #=> NoMethodError (undefined method `even?' for "カフェラテ":String)
```

"カフェラテ"はStringクラスに属するオブジェクトで、Integerクラスには属していません。なので、Integerクラスで用意されているeven?メソッドを使おうとしてもエラーになるのです。

クラスはオブジェクトの種族を表すものです。ということは、クラスを作れば新しい種族を自分で作るということになります。この章では創造の神様の気分になり、新しいクラスを作って、新しい種族のオブジェクトを作ってみましょう！

> **COLUMN**
> **リファレンスマニュアルはクラスごとに書かれている**
>
> P.123でリファレンスマニュアルの引き方を学びました。リファレンスマニュアルはクラスごとにメソッドの一覧が書かれています。もしも、クラスの分からないオブジェクトの持つメソッドを調べたいときは、classメソッドでクラスを調べれば、リファレンスマニュアルでそのクラスを探すことができます。

オブジェクトを作る2つの方法

これまでにたくさんのオブジェクトを作ってきました。たとえば次のように書くことでオブジェクトを作ることができます。

● class4.rb

```
1: p "カフェラテ"       ──── Stringオブジェクト
2: p [1, 2, 3]         ──── Arrayオブジェクト
```

これらの書き方のほかに、クラスとnewメソッドを使ってオブジェクトを作る方法もあります（ただし、Integerクラスのようにnewメソッドが用意されていないクラスもあります）。

● class5.rb

```
1: p String.new #=> ""
2: p String.new("カフェラテ") #=> "カフェラテ"
3: p Array.new #=> []
4: p Array.new(2, "カフェラテ") #=> ["カフェラテ", "カフェラテ"]
```

● オブジェクト作成

```
クラス.new  #=> そのクラスのオブジェクト
```

クラスの`new`メソッドを呼び出すことで、そのクラスのオブジェクト（インスタンス）を作ることができます。`String.new`を実行すると、空である`String`クラスのオブジェクト、つまり空文字列を作ります。`String.new("カフェラテ")`のように`new`メソッドの引数に文字列を渡すと、その文字列であるオブジェクトを作ります。`Array.new`を実行すると、空である`Array`クラスのオブジェクト、つまり空配列を作ります。`Array`の`new`メソッドへ引数に個数（2）と要素にするオブジェクト(`"カフェラテ"`)を渡すと、そのオブジェクトを指定した個数だけ持った配列オブジェクトを作ります。

ここまでで出てきたクラスでは`new`を使わずに書く方が便利なのでそちらがよく使われます。このあと、自分でクラスを作る方法を説明していきますが、そこでは`new`メソッドを使ってオブジェクトを作ります。クラスの作り方とあわせて、のちほど詳しく説明します。

● そのオブジェクトの属するクラスを表示する

```
オブジェクト.class
```

● そのクラスのオブジェクトを作成する

```
クラス.new
```

- クラスはオブジェクトの種族を表すもの
- すべてのオブジェクトは、いずれかのクラスに属す
- オブジェクトがどのクラスに属しているかは、`class`メソッドで調べることができる
- クラスに属するオブジェクトを、そのクラスの「インスタンス」であるともいう
- `new`メソッドを使うと、そのクラスのオブジェクト（インスタンス）を作ることができる

CHAPTER 8　部品をつくる - クラス

8-2 クラスを作る

オブジェクトはクラスごとにいろいろな特徴を持っています。新しいクラスを作ることで、新しい特徴を持ったオブジェクトを作ることもできます。

 クラスを作る

　Rubyにはたくさんのクラスが用意されています。`Integer`（整数）クラスや`Float`（小数）クラスは計算の場面で、`String`（文字列）クラスは単語や文章を扱う場面で、`Array`（配列）クラスや`Hash`（ハッシュ）クラスは複数のオブジェクトを一緒に扱う場面で使うことができます。

　そして、クラスは自分で作ることもできます。「こんな機能を持ったオブジェクトがあったら便利だな」という場面では自分でクラスを書き、そのクラスのオブジェクトを作り、使うことでプログラムを整理して書くことができます。クラスを作ってプログラムを書くと、大規模なプログラムを設計して書くことができるようになります。たとえば、Ruby on Railsで書かれたWebアプリケーションではクラスの仕組みは欠かせません。既にあるクラスと、自分で作ったたくさんのクラスを使って、適材適所でオブジェクトへ仕事を割り振りプログラムを書いていきます。

　それでは、さっそくクラスを作ってみましょう。クラスを作ることをクラスを定義するといいます。メソッドと同じですね。題材として、カフェでのドリンクの名前を扱う`Drink`クラスを作ってみます。まずは最小のクラスを定義してみましょう。

● drink1.rb

```
1: class Drink
2: end
```

```
ruby drink1.rb ⏎
　　　　　　何も表示されません
```

182

● クラスの定義

```
class クラス名
end
```

これでDrinkクラスを作ることができました！　クラスは定義するだけでは何も目に見える処理をしないので、実行しても何も表示されません。

こんなかんたんに作ったDrinkクラスですが、クラスを定義しただけでも（前の節で説明した）newメソッド、classメソッドなどの基本的なメソッドがすでに使えるようになっています。

さっそく、ここで作ったDrinkクラスのオブジェクトを作ってみましょう！　newメソッドを使ってDrinkクラスのオブジェクトを作ります。そして、classメソッドを使ってそのオブジェクトのクラスがDrinkであることを確認してみましょう。

● drink2.rb

```
1: class Drink
2: end
3:
4: drink = Drink.new      ──❶ newメソッドでそのクラスのオブジェクトを作り、変数drinkへ代入
5: p drink.class #=> Drink ──❷
```

```
ruby drink2.rb ⏎
Drink
```

❶では、newメソッドでDrinkクラスのオブジェクトを作り、変数drinkに代入しています。言い換えると、作ったDrinkクラスのオブジェクトにdrinkという名前をつけているとも言えます。名前の方が呼びやすいので、drinkのように変数名で呼んだときには、代入されたオブジェクトを指すことがあると考えてください。

❷で変数drinkが指すオブジェクトのクラスをclassメソッドで表示させると、Drinkと表示され、属するクラスがDrinkであることを確認できます。また、最後の2行は変数へ代入せずに、メソッドチェインを使って1行で p Drink.new.class と書くこともできます。

ここで気をつけるべきことは、大文字始まりのDrinkはクラス名、小文字始まりのdrinkは変数名で、別のものであることです。クラスの名前をつけるときの規則については、あとで詳しく説明します。

このように、クラスはnewメソッドを使うことでそのクラスのオブジェクトを作ることができます。クラスはその種類のオブジェクトを作ることができる工場のようなものです。そのクラス自身が仕事をすることもあれば、そのクラスから作ったオブジェクトが仕事をすることもあります。

　クラスのnewメソッドを使ったり、以前にも使ってきた1や"カフェラテ"や[1, 2, 3]や{name: "モカ"}といった書き方でオブジェクトをたくさん作ったりして、それぞれが力を合わせて問題を解決していく。それがRubyプログラムの世界のイメージとも言えます。

　Rubyでのプログラミングは、オブジェクトたちが飛び回り踊り歌う世界の台本を書く作業とも言えるかもしれません。新しいクラスを作ることは、キャラクターの新しい種族を作れるようになることに相当します。新しいクラスを作ることで、新しい特徴を持ったキャラクター（プログラムの世界ではオブジェクト）を作ることができます。

クラス名の規則

　クラス名は、`Drink`、`Item`のように先頭を大文字で始めます。慣習として、2文字目以降は小文字にして、2単語以上を組み合わせた名前にする場合は`CaffeLatte`のように区切り文字を大文字にしてつなぎます。このようなスタイルをキャメルケースと言います。大文字がラクダ（camel）のこぶのように見えるからです。

　さきほどの例の`drink = Drink.new`は、先頭が大文字ではじまる`Drink`はクラスの名前、すべて小文字の`drink`は変数名です。

　余談ですが、定数も大文字から始まっていましたね。実はクラスの名前も定数です。クラスを定義すると、クラス名の定数が作られます。`Drink`クラスを定義すると、`Drink`という定数が作られます。

COLUMN

クラスも実はオブジェクト

　実は、クラスそのものもオブジェクトです。オブジェクトなので、次のようにクラスへつづけてclassメソッドを呼び出すと、どのクラスに属しているかが表示されます。

● drink3.rb

```
1: class Drink
2: end
3:
4: p Drink.class #=> Class
```

クラスは、Classクラスのオブジェクトであることが分かります。

クラスを定義する

```
class クラス名
end
```

そのクラスのオブジェクトを作る

```
クラス.new  #=> そのクラスのオブジェクト
```

- クラス名は先頭を大文字で始める
- クラス名を2単語以上つなげた名前にするときはCaffeLatteのように区切り文字を大文字にしてつなぐ（キャメルケース）

CHAPTER 8　部品をつくる - クラス

8-3　オブジェクトが呼び出せるメソッドを作る

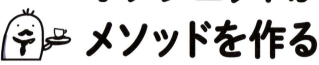

　クラスにメソッドを定義すると、そのクラスに属するオブジェクトたちはそのメソッドを呼び出すことができます。クラスに新しいメソッドを作ることは、ゲームのRPGで例えると、キャラクターが新しい呪文を覚えることに相当します。キャラクターが呪文を覚えるとできることが増えるように、オブジェクトもメソッドが呼び出せるようになると、できることが増えていきます。メソッドを作って、オブジェクトにできることを増やしていきましょう。

クラスにメソッドを定義する

　自分で定義したクラスには、最初は`new`メソッドでオブジェクトを作るなど、最低限の機能しかありません。クラスへメソッドを追加していくことで、欲しい機能を持ったクラスを育てていくことができます。最初は、名前を返す`name`メソッドを、クラス`Drink`で定義してみましょう。

● drink4.rb

```
1: class Drink
2:   def name          ──── Drinkクラスへnameメソッドを定義
3:     "カフェラテ"
4:   end
5: end
```

```
ruby drink4.rb ⏎
                ──── 何も表示されません
```

　メソッドをクラスの中、つまり`class Drink`から対応する`end`までの間に書くと、この`name`メソッドは`Drink`クラスのメソッドとして定義されます。メソッドの書き方は、P.157で学んだ、クラスではないところへ書くときと同じです。また、メソッドを定義しただけでは動かないのも同様です。このプログラムでは`Drink`クラスの`name`メソッドを定義していますが、呼び出していないので何も出力されません。

● クラスでのメソッド定義

```
class クラス名
  def メソッド名
  end
end
```

 クラスに定義したメソッドを呼び出す

Drinkクラスのnameメソッドが名前"カフェラテ"を返すように書けました。次はDrinkクラスのオブジェクトを作り、nameメソッドを呼び出してみましょう。

● drink5.rb

```
1: class Drink
2:   def name
3:     "カフェラテ"
4:   end
5: end
6:
7: drink = Drink.new            ── ❶ Drinkクラスのオブジェクトを作って変数drinkへ代入
8: puts drink.name #=> カフェラテ ── ❷ Drinkクラスのオブジェクトのnameメソッドを呼び出す
```

```
ruby drink5.rb ⏎
カフェラテ
```

● メソッドの呼び出し

```
オブジェクト.メソッド
```

❶ではDrinkクラスのオブジェクトを作成して、変数drinkへ代入しています。drinkと名付けたDrinkクラスのオブジェクトに対して、❷ではdrink.nameでnameメソッドを呼び出しています。

メソッドを呼び出すには、オブジェクトに対して.メソッドと書きます。オブジェクトが変数に代入されているときには、今回のdrink.nameのように変数.メソッドと書きます。

クラスに定義したメソッドは、そのクラスに属する全てのオブジェクトで呼び出すことができます。クラスにメソッドを定義しておけば、そのクラスからオブジェクトを作って、そのオブジェクトたち全員でそのメソッドを呼ぶことができるのです。

CHAPTER 8 部品をつくる - クラス

　クラスに定義するメソッドも、前の章で学んだクラスの外に書いていたメソッドと同様の機能を持っています。メソッドは戻り値として最後に実行した結果を返すので、ここでは"カフェラテ"という文字列が返ってきています。今回は引数を受け取らないメソッドでしたが、引数を受け取るように定義することもできます。キーワード引数やデフォルト値など、メソッドにあった道具を使うことができます。

　今回のプログラムで、Drinkクラスのオブジェクトはnameメソッドで名前を返すことができるようになりました。しかし、まだ"カフェラテ"としか名前を返すことができません。オブジェクトごとに"コーヒー"や"モカ"など、それぞれの名前を返すようにするにはどうすればいいでしょうか。次はこの機能を追加していきます。

レシーバ

　drink5.rbではdrink.nameと、変数drinkを使ってDrinkクラスのオブジェクトに対してnameメソッドを呼び出しました。この、「メソッドを呼び出されるオブジェクト」のことを「レシーバ」と呼びます。ここでのレシーバは「(変数drinkに代入された)Drinkクラスのオブジェクト」です。

　前にでてきた2.even?では、even?メソッドのレシーバは2(整数オブジェクト)です。["カフェラテ", "モカ", "コーヒー"].sizeのsizeメソッドのレシーバは["カフェラテ", "モカ", "コーヒー"](配列オブジェクト)です。

COLUMN

methodsメソッド

methodsメソッドを使うと、レシーバであるオブジェクトで呼び出せるメソッドを一覧表示することができます。

- integer_methods.rb

```
1: p 1.methods
```

ruby integer_methods.rb ⏎
[:%, :&, :*, :+, :-, :/, :<, :>, :^, :|, :~, :-, :**, :<=>, :<<, :>>, :<=, :>=, :==, :===, :], :inspect, :size, :succ, :to_int, :to_s, :to_i, :to_f, :next, :div, :upto, :chr, :ord, :coerce, :divmod, :fdiv, :modulo, :remainder, :abs, :magnitude, :integer?, :floor, :ceil, :round, :truncate, :odd?, :even?, :downto, :times, :pred, :bit_length, :digits, :to_r, :numerator, :denominator, :rationalize, :gcd, :lcm, :gcdlcm, :@, :eql?, :singleton_method_added, :i, :real?, :zero?, :nonzero?, :finite?, :infinite?, :step, :positive?, :negative?, :quo, :arg, :rectangular, :rect, :polar, :real, :imaginary, :imag, :abs2, :angle, :phase, :conjugate, :conj, :to_c, :between?, :clamp, :instance_of?, :kind_of?, :is_a?, :tap,:public_send, :remove_instance_variable, :singleton_method, :instance_variable_set, :define_singleton_
（以降省略）

Integerクラスのオブジェクトである1には、たくさんのメソッドが用意されています。これまでに説明したclassメソッドやeven?メソッドもあることが分かります。結果は配列で得られるので、探しづらいときは1.methods.sortとsortメソッドを使えばabc順に並び見つけやすくなります。

自分で作ったクラスのメソッドも見ることができます。さきほどのDrinkクラスへ追加したnameメソッドを確認してみましょう。

- drink_methods.rb

```
1: class Drink
2:   def name
3:     "カフェラテ"
4:   end
5: end
6:
7: drink = Drink.new
8: p drink.methods
```

ruby drink_methods.rb ⏎
[:name, ...] ——— さきほど追加したnameメソッドがある

クラスに引数を受け取るメソッドを定義する

クラスに定義するメソッドにも引数でオブジェクトを渡すことができます。Drinkクラスにorderメソッドを定義して、引数を使って注文する商品を渡すようにしてみましょう。

● drink6.rb

```
1: class Drink
2:   def order(name)          ──── 引数として受け取ったオブジェクトを変数nameへ代入
3:     puts "#{name}をください"
4:   end
5: end
6:
7: drink = Drink.new          ──── Drinkクラスのオブジェクトを作って変数drinkへ代入
8: drink.order("カフェラテ")   ──── orderメソッドを呼び出して引数で"カフェラテ"を渡す
```

ruby drink6.rb ⏎
カフェラテをください

orderメソッドを、引数を受け取れるように定義しました。drink.order("カフェラテ")と呼び出すことで、orderメソッドへ文字列オブジェクト"カフェラテ"を渡しています。orderメソッドの中では変数nameを使って、「カフェラテをください」と表示しています。

 ## クラスの中で同じクラスのメソッドを呼び出す

クラスに複数のメソッドを定義することもできます。クラスに複数のメソッドを定義して、そのうちの1つのメソッドから、別のメソッドを呼んでみましょう。次の例は、Drinkクラスにnameメソッドとtoppingメソッドを定義しています。そしてnameメソッドを呼び出し、nameメソッドの中でさらにtoppingメソッドを呼び出し、戻り値であるトッピングを加えて返すプログラムです。

● drink7.rb

```
 1: class Drink
 2:   def name
 3:     "モカ" + topping       ──── ❶ 同じクラスのtoppingメソッドを呼び出し
 4:   end
 5:   def topping
 6:     "エスプレッソショット"
 7:   end
 8: end
 9:
10: drink = Drink.new              ──── ❷
11: puts drink.name #=> モカエスプレッソショット  ──── ❸
```

```
ruby drink7.rb ⏎
モカエスプレッソショット
```

　Drinkクラスにnameメソッドとtoppingメソッドを定義しています。nameメソッドの中で、同じクラスのtoppingメソッドを呼んで、その戻り値を利用しています。このように、クラスに定義されたメソッドの中で同じクラスのほかのメソッドを呼ぶときは、メソッド名をそのまま書くことで呼び出せます。

　❸のdrink.nameは、「オブジェクト.メソッド名」の形式で、レシーバを指定したメソッド呼び出しです。クラス定義の外側でのメソッドを呼び出すときは、このようにレシーバとなるオブジェクトに対してメソッドを呼び出します。

　一方で、クラスに定義されたメソッド中の❶のtoppingメソッドの呼び出しはレシーバの部分がありません。メソッド名であるtoppingだけが書かれています。これは、レシーバと.を省略した書き方です。省略すると、実行中のメソッドのレシーバに対してメソッドを呼び出します。toppingメソッドのレシーバは、実行中のnameメソッドのレシーバである❸のdrink、つまり❷で作られたDrinkクラスのオブジェクトです。

selfを使ってレシーバを調べる [Challenge]

　レシーバがどのオブジェクトかを把握することは、慣れるまでは少し難しいかもしれません。レシーバが何かが分からないときには、selfを使うと調べることができます。selfは、その場所でメソッドを呼び出したときのレシーバを返します。ここでは、drink7.rbでtoppingメソッドのレシーバを調べるために、前の行でselfを調べてみましょう。

● self.rb

```
 1: class Drink
 2:   def name
 3:     p self      ──── ❷ selfでレシーバを取得
 4:     "モカ" + topping
 5:   end
 6:   def topping
 7:     "エスプレッソショット"
 8:   end
 9: end
10:
11: drink = Drink.new
12: p drink         ──── ❶
13: puts drink.name
```

```
ruby self.rb ⏎
#<Drink:0x00007ffb1c9a3188>  ──── ❶ で表示したdrinkオブジェクト
#<Drink:0x00007ffb1c9a3188>  ──── ❷ でselfで取得したレシーバ
モカエスプレッソショット
```

0xにつづく文字列は実行するごとに異なります。

　実行結果から、❶で表示したdrinkオブジェクトと、❷のselfで取得したオブジェクトは同じことが分かります。実行結果にある#<Drink:0x00007ffb1c9a3188>のDrinkはそのオブジェクトのクラスを示します。:に続く文字列はそのオブジェクトの識別番号で、これが同じであれば同じオブジェクトです。selfについてはまたP.268で説明します。

　toppingメソッドのレシーバは、❶で表示したDrinkクラスのオブジェクトであることが分かりました。また、selfでレシーバを取得できることを利用して、このtoppingメソッドをレシーバを省略せずにオブジェクト.メソッド名の形式で書くと、self.toppingと書けます。

クラスにメソッドを定義する

```
class クラス名
  def メソッド名
  end
end
```

メソッドを呼び出す

```
オブジェクト.メソッド
```

- クラスにメソッドを定義するときは、classクラス名からendの間にdefでメソッドを書く
- クラスのメソッドを呼び出すときは、そのクラスのオブジェクトへつづけて.メソッド名と書く
- メソッドが呼び出されるオブジェクトを「レシーバ」と呼ぶ
- クラスの中でメソッドを呼び出すときはレシーバを省略してメソッド名だけで呼び出せる

8-4 オブジェクトにデータを持たせる

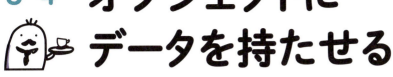

オブジェクトはデータを持つことができます。オブジェクトは覚えたデータに応じて異なる動作もできるようになり、できることが増えていきます。

インスタンス変数

　前の節のdrink6.rbでは、Drinkクラスに注文するメソッドorderを定義しました。このプログラムを変更して、前回注文した商品の名前を覚えておき、同じ商品を再注文するメソッドを作ってみましょう。

　drink6.rbを変更して、orderメソッドに注文した商品を覚える機能を追加しましょう。そして、orderメソッドで覚えた前回注文した商品を注文するreorderメソッドを作ります。次のようにプログラムを書いて実行したところ、エラーになりました。どのような問題が起きているのでしょうか。

● variable1.rb

```ruby
 1: class Drink
 2:   def order(item)
 3:     puts "#{item}をください"
 4:     name = item          ── 変数nameに注文した商品itemを代入
 5:   end
 6:   def reorder
 7:     puts "#{name}をもう1杯ください"  ──❶ orderメソッドで変数nameに代入した商品を使おうとしたが･･･
 8:   end
 9: end
10:
11: drink = Drink.new
12: drink.order("カフェラテ")
13: drink.reorder
```

```
ruby variable1.rb ⏎
カフェラテをください
```

```
Traceback (most recent call last):
        1: from variable1.rb:12:in `<main>'
variable1.rb:7:in `reorder': undefined local variable or method `name'
 for #<Drink:0x00007fadeb008160> (NameError)
```

orderメソッドに`name = item`を追加して、注文した商品を変数`name`へ代入しました。その変数`name`を、別のメソッドである`reorder`メソッドで使って、文字列`"#{name}をもう1杯ください"`を作ろうとしています。

実行したところエラーになったので、エラーメッセージを読んでみましょう。`undefined local variable or method 'name'`（`name`は定義されていない変数またはメソッドです）が❶の`puts "#{name}をもう1杯ください"`、つまり`reorder`メソッドの中で変数`name`を使おうとしたところで起こっています。

このエラーは、ローカル変数`name`のスコープ、つまり見える範囲に起因します（P.173参照）。変数`name`はローカル変数なので、`order`メソッドの中がスコープです。`order`メソッドの中では使うことができますが、他のメソッドの中では使うことはできません。

では、どのように解決すれば良いでしょうか？　ここでは、ローカル変数より広いスコープを持つ「インスタンス変数」を利用して解決してみましょう。インスタンス変数はその名の通り、インスタンス（オブジェクト）が持つ変数です。ローカル変数と違って、同じオブジェクトであれば、複数のメソッドをまたいで使うことができます。寿命もオブジェクトと同じになり、オブジェクトが存在する間ずっとインスタンス変数を使うことができます。

インスタンス変数は、変数名の先頭に`@`をつけることで作ることができます。さきほどのプログラムを、変数`name`をインスタンス変数`@name`に変更して書き換えてみましょう。

● variable2.rb

```
 1: class Drink
 2:   def order(item)
 3:     puts "#{item}をください"
 4:     @name = item  ───── インスタンス変数@nameに注文した商品itemを代入 ───── ❸
 5:   end
 6:   def reorder
 7:     puts "#{@name}をもう1杯ください"  ───── orderメソッドで変数@nameに代入した商品を使う ───── ❺
 8:   end
 9: end
10:
11: drink = Drink.new  ───── ❶
12: drink.order("カフェラテ")  ───── ❷
13: drink.reorder  ───── ❹
```

ruby variable2.rb ⏎
カフェラテをください
カフェラテをもう1杯ください

注文時に"カフェラテ"を覚えて、再注文することができました！　プログラムを順を追って見てみましょう。

`drink = Drink.new`で`Drink`クラスのオブジェクトを作ります❶。そのオブジェクトの`order`メソッドを呼び出し❷、メソッドでの処理でインスタンス変数`@name`へ"カフェラテ"を代入します❸。つづいて同じオブジェクトの`reorder`メソッドを呼び出します❹。インスタンス変数`@name`には❸で"カフェラテ"が代入されているので、"`#{@name}`をもう1杯ください"は"カフェラテをもう1杯ください"となります❺。

ローカル変数`name`のときは、スコープが定義されたメソッドの中だけだったので、別のメソッドから見ることができませんでした。今回のプログラムのインスタンス変数`@name`は、❶で作ったオブジェクトに対して呼び出された`order`メソッドと`reorder`メソッドの両方で見ることができています。

インスタンス変数は代入が実行されたときに生まれます（もしも代入されていないインスタンス変数を使おうとすると`nil`になっているので注意してください）。そしてインスタンス変数の寿命は、それを持つオブジェクトの寿命と同じになります。さきほどのプログラムでは❶の`Drink.new`で作られたオブジェクトがインスタンス変数`@name`の持ち主で、このオブジェクトが存在する間はインスタンス変数`@name`も存在して使うことができます。

インスタンス変数はオブジェクトごとに存在する

インスタンス変数は、インスタンス、つまりオブジェクトごとに存在する変数です。同じクラスに書かれているインスタンス変数でも、オブジェクトが別ならば、別のインスタンス変数になります。次のプログラムを動かして試してみましょう。

● variable3.rb

```
 1: class Drink
 2:   def order(item)
 3:     puts "#{item}をください"
 4:     @name = item
 5:   end
 6:   def reorder
 7:     puts "#{@name}をもう1杯ください"
 8:   end
 9: end
10:
11: drink1 = Drink.new          ❶
12: drink2 = Drink.new          ❷
13: drink1.order("カフェラテ")    ❸
14: drink2.order("モカ")         ❹
15: drink1.reorder              ❺
16: drink2.reorder              ❻
```

```
ruby variable3.rb ⏎
カフェラテをください     ────❸の結果
モカをください          ────❹の結果
カフェラテをもう1杯ください  ────❺の結果
モカをもう1杯ください     ────❻の結果
```

　Drinkクラスの部分は先ほどと同じプログラムです。このプログラムではDrinkクラスのオブジェクトを❶と❷で2つ作ります。1つ目のオブジェクトはdrink1へ代入し、2つ目のオブジェクトはdrink2へ代入しておきます。❸で1つ目のオブジェクトへは"カフェラテ"を、❹で2つ目のオブジェクトには"モカ"をそれぞれ渡します。どちらもDrinkクラスのorderメソッドの中でインスタンス変数@nameへ代入しますが、オブジェクトが別なので、オブジェクトごとに別の変数@nameへ代入されます。❺と❻でreorderメソッドを実行すると、それぞれのオブジェクトの変数@nameに代入した文字列が表示され、オブジェクトごとに別のインスタンス変数となっていることが分かります。

　インスタンス変数はそれぞれのオブジェクトごとに存在していることが分かりました。このDrinkクラスのオブジェクトをたくさん作れば、作ったオブジェクトの数だけ前回注文したドリンクを扱うことができますね。

☕ インスタンス変数を取得するメソッドを作る

　インスタンス変数が同じオブジェクトの中で利用できることを見てきました。では、オブジェクトの外でインスタンス変数を取得するにはどうすれば良いでしょうか？　次のプログラムを見てください。

● variable4.rb

```
 1: class Drink
 2:   def order(item)
 3:     puts "#{item}をください"
 4:     @name = item
 5:   end
 6: end
 7: 
 8: drink = Drink.new
 9: drink.order("カフェラテ")
10:         ──❶ ここで@nameを取得したい
```

❶でdrinkオブジェクトが持つ@nameを取得したいのですが、オブジェクトの外なので、ただ@nameと書いただけでは取得することができません。取得するためには一手間を加えて、Drinkクラスに@nameを戻り値とするメソッドを追加して、それを呼び出します。

● variable5.rb

```
 1: class Drink
 2:   def order(item)
 3:     puts "#{item}をください"
 4:     @name = item
 5:   end
 6:   def name ───────❶
 7:     @name ───❷
 8:   end
 9: end
10: 
11: drink = Drink.new
12: drink.order("カフェラテ")
13: puts drink.name ──────❸
```

```
ruby variable5.rb ⏎
カフェラテをください
カフェラテ
```

❶でnameメソッドを定義して、❷で戻り値として@nameに代入されているオブジェクトを返します。❸でdrink.nameの戻り値を画面に表示します。

インスタンス変数を取得するメソッドは、慣習的に「インスタンス変数名から@を取り除いたもの」にすることが多いです。今回のメソッド名も、インスタンス変数@nameを取得するので、そこから@を取り除いたnameという名前にしています。

このnameメソッドを1行で定義できるattr_readerメソッドもあります。詳しくはP.267を参照してください。

インスタンス変数へ代入するメソッドを作る

インスタンス変数を取得するメソッドが作れたので、インスタンス変数へ代入するメソッドも作ってみましょう。

● variable6.rb

```ruby
 1: class Drink
 2:   def name=(text)    ──❶
 3:     @name = text     ──❸
 4:   end
 5:   def name
 6:     @name
 7:   end
 8: end
 9:
10: drink = Drink.new
11: drink.name= "カフェオレ"    ──❷
12: puts drink.name
```

```
ruby variable6.rb ⏎
カフェオレ
```

❶で、`name=`メソッドを定義しました。このメソッドは引数で渡したオブジェクトを`@name`へ代入します。❷で`name=`メソッドを呼び出し、引数として"カフェオレ"を渡しています。❸で引数で渡された"カフェラテ"をインスタンス変数`@name`へ代入しています。

インスタンス変数へ代入するメソッドは、慣習的に「インスタンス変数名から@を取り、末尾に=を加えたもの」にすることが多いです。今回のメソッド名も、インスタンス変数`@name`へ代入するので、そこから@を取り除き末尾に=を加えた`name=`にしています。

慣習に従うとメリットがあります。メソッド呼び出し❷の行は、次のように書くこともできます。

```
drink.name = "カフェオレ"
```

`name=`メソッドを呼び出すときに、メソッド名の`name`と=の間に半角スペースを空けて書くことができます。末尾が=で終わるメソッドはこのような書き方が可能です。このように書くと、インスタンス変数へ代入することを感覚的に分かりやすく示すことができます。

この`name=`メソッドを1行で定義できる`attr_writer`メソッドもあります。詳しくはP.268を参照してください。

instance_variables メソッド　Challenge

オブジェクトに対して`instance_variables`メソッドを呼び出すと、持っている全てのインスタンス変数を返します。`instance_variables`メソッドは、オブジェクトが持っている

インスタンス変数の変数名一覧を取得するメソッドです。

- **instance_variables.rb**

```
1: class Drink
2:   def order(item)
3:     @name = item
4:   end
5: end
6:
7: drink = Drink.new
8: drink.order("カフェラテ")
9: p drink.instance_variables
```

```
ruby instance_variables.rb ⏎
[:@name]
```

インスタンス変数は代入したときに作られるので、`drink.order("カフェラテ")`を実行しないと`instance_variables`メソッドが返すインスタンス変数の一覧に`@name`が出てきません。削除して実行して、確かめてみてください。

- 名前が@ではじまる変数はインスタンス変数
- インスタンス変数はローカル変数よりもスコープが広く、同じオブジェクトであればメソッドをまたいで使うことができる
- インスタンス変数はオブジェクトごとに持っている
- インスタンス変数は代入が実行されたときに生まれる
- インスタンス変数の寿命はオブジェクトの寿命と同じになる
- メソッド名の末尾が=で終わるメソッドは`drink.name = "カフェラテ"`のように=を離して書くことができる

8-5 オブジェクトが作られるときに処理を行う

インスタンス変数を使うとオブジェクトにデータを持たせることができます。これを一歩進めて、オブジェクトが作られるときに、インスタンス変数に最初からデータを持たせると便利なケースがあります。オブジェクトが作られるときに処理を実行させるinitializeメソッドの仕組みが用意されているので、これを使ってみましょう。

initializeメソッド

クラスにはinitializeという特別なメソッドが用意されています。initializeという名前のメソッドを作ると、オブジェクトが新しく作られるときに自動で呼び出されます。

- **initialize1.rb**

```
1: class Drink
2:   def initialize          ——❶
3:     puts "新しいオブジェクト！"
4:   end
5: end
6:
7: Drink.new                  ——❷
```

```
ruby initialize1.rb ⏎
新しいオブジェクト！
```

❶でinitializeメソッドを定義しています。他のメソッドと同じ手順で定義して、名前をinitializeにするだけです。❷でnewメソッドが呼ばれるとオブジェクトが作られますが、その際にinitializeメソッドが自動で呼ばれます。

呼び出しているのはnewメソッドですが、自動で呼び出されるのはinitializeメソッドなので名前が違います。慣れるまでは少し戸惑うこともあるかもしれません。

インスタンス変数の初期値を設定する

　initializeメソッドが便利な場面の例として、「インスタンス変数の初期値を設定する」があります。

● **initialize2.rb**

```
 1: class Drink
 2:   def initialize
 3:     @name = "カフェラテ"         ──❶
 4:   end
 5:   def name
 6:     @name
 7:   end
 8: end
 9:
10: drink = Drink.new              ──❷
11: puts drink.name                ──❸
```

```
ruby initialize2.rb ⏎
カフェラテ
```

　❷でDrink.newしてオブジェクトが作られるときにinitializeメソッドが呼ばれ、❶でインスタンス変数@nameに"カフェラテ"が代入されます。❸でnameメソッドを呼ぶと、戻り値は❶で代入した"カフェラテ"になっています。

　このようにすると、Drinkクラスのオブジェクトを作るときには、自動でインスタンス変数@nameに"カフェラテ"が代入されます。

initializeメソッドへ引数を渡す

　さきほどのプログラムで、Drinkクラスのオブジェクトを作ると@nameには初期値として"カフェラテ"が代入されるようになりました。では、この初期値を"カフェラテ"以外にも自由に設定するにはどうすれば良いでしょうか？　これは、initializeメソッドに引数を渡せるようにすることで解決できます。

　initializeメソッドに引数を受け取るように定義して、newメソッドを呼び出すときにオブジェクトを渡すと、initializeメソッドで引数として受け取ることができます。

● **initialize3.rb**

```
 1: class Drink
 2:   def initialize(name)          ──❶
 3:     @name = name                ──❷
 4:   end
 5:   def name
 6:     @name
```

```
 7:      end
 8:    end
 9:
10:    drink = Drink.new("モカ")　────❸
11:    puts drink.name　────❹
```

```
ruby initialize3.rb ⏎
モカ
```

　❶でinitializeメソッドに引数を受け取るように定義しています。❸でnewメソッドを呼び出し、"モカ"を渡しています。initializeメソッドが呼ばれるときに、引数として変数nameに"モカ"が渡ってきます。❷で引数で受け取ったオブジェクトを@nameへ代入します。❹で@name変数の中身を表示させると、❸で渡した"モカ"になっています。

　newメソッドを呼び出して引数を渡すと、initializeメソッドが呼び出されて引数として届くことが他のメソッドと違う点です。ここで作ったDrinkクラスを使うと、newメソッドへ渡すオブジェクトを変えることで、いろいろなDrinkオブジェクトを作ることができます。

● **initialize4.rb**

```
 1:  class Drink
 2:    def initialize(name)
 3:      @name = name
 4:    end
 5:    def name
 6:      @name
 7:    end
 8:  end
 9:
10:  drink1 = Drink.new("カフェラテ")
11:  drink2 = Drink.new("コーヒー")
12:  drink3 = Drink.new("モカ")
13:
14:  puts drink1.name #=> カフェラテ
15:  puts drink2.name #=> コーヒー
16:  puts drink3.name #=> モカ
```

まとめ

- initializeメソッドを定義しておくとオブジェクトが作られるときに自動で呼び出されて実行される
- initializeメソッドに引数を受け取るように定義しておくと、newメソッドを呼び出すときに引数を渡すことで、initializeメソッドで引数として受け取ることができる

8-6 クラスを使ってメソッドを呼び出す

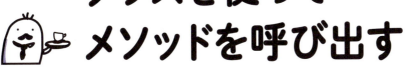

ここまでで、クラスを使ってオブジェクトを作り、オブジェクトを使ってメソッドを呼び出せることを見てきました。別の種類のメソッドとして、オブジェクトを作らずに、クラスを使って呼び出せる「クラスメソッド」もあります。

インスタンスメソッドとクラスメソッド

クラスにはメソッドを作ることができることを学びました。実は、クラスに作るメソッドには2つの種類があります。ここまででクラスに定義してきたメソッドは「インスタンスメソッド」と呼ばれています。もう1つ、「クラスメソッド」と呼ばれるメソッドがあります。

2つの違いは、「インスタンスをレシーバとするメソッド」と「クラスをレシーバとするメソッド」です。例を見てみましょう。

- インスタンスメソッドの例

```
drink.name
[1, 2, 3].size
1.even?
```

- クラスメソッドの例

```
Drink.new
Array.new
```

インスタンスメソッドは、レシーバ（`.` の前に書かれた、メソッドを呼び出すオブジェクト）がインスタンス（あるクラスのオブジェクトのこと）であるメソッドです。前の節で作った `name` メソッドは、`drink.name` と Drink クラスのインスタンスに対して呼び出すインスタンスメソッドです。ほかにもたくさんありますが、たとえば前に出てきた配列の `size` メソッドや、整数の `even?` メソッドなどもインスタンスメソッドです。

インスタンスメソッドは、インスタンスに対して呼び出します。前の節の `drink.name` であれば Drink クラスのインスタンス（オブジェクト）に対して `name` メソッドが呼び出されて、そ

のオブジェクトの@nameを返します。[1, 2, 3].sizeであれば、配列オブジェクト[1, 2, 3]のsizeメソッドが呼び出され、配列の要素数を返します。

一方で、クラスメソッドはレシーバがクラスであるメソッドです。ここまでたびたび登場したnewメソッドはクラスメソッドです。Drink.newとクラス名につづいて呼び出します。

クラスメソッドはクラスに対して呼び出します。Drink.newであれば、Drinkクラスのnewメソッドを呼び出すと、Drinkクラスのオブジェクトを作る仕事をします。

 ## クラスメソッドを定義する

では、クラスメソッドを作ってみましょう。Cafeクラスに「いらっしゃいませ！」と返すwelcomeメソッドを定義します。

● class_method1.rb

```
1: class Cafe
2:   def self.welcome         ──❶ クラスメソッドを定義するときはメソッド名の前にself.をつける
3:     "いらっしゃいませ！"
4:   end
5: end
6:
7: puts Cafe.welcome         ──❷
```

ruby class_method1.rb ⏎
いらっしゃいませ！

● クラスメソッドの定義

```
def self.メソッド名
end
```

クラスメソッドを定義するには、defのメソッド名を書くところで、メソッド名の前に

self.をつけます❶。クラスメソッドを呼び出すときは❷のCafe.welcomeのように、クラス名につづいて.メソッド名で呼び出すことができます。クラスメソッドはクラスが実行するので、オブジェクトを作ることなく呼び出すことができます。

インスタンスメソッドとクラスメソッドの違いを表にまとめました。

● インスタンスメソッドとクラスメソッド

名前	定義方法	呼び出し方法	レシーバ	ドキュメントでの記法（コラム参照）
インスタンスメソッド	def メソッド名	インスタンス.メソッド	インスタンス	クラス名#メソッド名
クラスメソッド	def self.メソッド名	クラス.メソッド	クラス	クラス名.メソッド名

#記法と.記法

　インスタンスメソッドとクラスメソッドをマニュアルなどで記述するときの記法があります。インスタンスメソッドはクラス名#メソッド名のように#記号を間に入れて書きます。たとえば先ほどの name メソッドは Drink#name となります。クラスメソッドは クラス名.メソッド名 のように.記号を間に入れて書きます。たとえば先ほどのwelcomeメソッドは Cafe.welcome と書きます。また、クラスメソッドは::を間に入れて Cafe::welcome とも書きます。

　これらの書き方はリファレンスマニュアルなどのドキュメントで出てくることもあるので、覚えておくと便利です。

 ## 同じクラスのクラスメソッドを呼び出す

　クラスメソッドの中で同じクラスのクラスメソッドを呼ぶときは、インスタンスメソッドのときと同じように、メソッド名だけを書けばOKです。または、レシーバを省略しない形で書くと、self.クラスメソッドまたはクラス.クラスメソッドとなります。

● class_method2.rb

```
 1: class Cafe
 2:   def self.welcome
 3:     "いらっしゃいませ！"
 4:   end
 5:   def self.welcome_again
 6:     welcome + "いつもありがとうございます！"   ──── クラスメソッドwelcomeを呼び出し
 7:   end
 8: end
 9:
10: puts Cafe.welcome_again  #=> "いらっしゃいませ！いつもありがとうございます！"
```

```
ruby class_method2.rb
いらっしゃいませ！いつもありがとうございます！
```

そして、インスタンスメソッドからクラスメソッドを呼ぶこともできます。`self.class.`クラスメソッドまたはクラス．クラスメソッドという書き方をします。逆に、クラスメソッドからインスタンスメソッドを呼び出すことはできません。クラスからは、レシーバとなるインスタンスを決めることができないからです。

クラスメソッドの別の定義方法

クラスメソッドの定義は`def self.`メソッド名と説明しましたが、別の書き方もあります。`class << self`と書いてからメソッドを定義します。この書き方は、複数のクラスメソッドをまとめて書くのに便利です。

class_method1.rbのCafeクラスをこの方法で書くと以下のようになります。

- class_method3.rb

```
1: class Cafe
2:   class << self
3:     def welcome
4:       "いらっしゃいませ！"
5:     end
6:   end
7: end
```

そのほか、`def` クラス名`.`メソッド名（今回のプログラムでは`def Cafe.welcome`）という書き方もありますが、これはもしもクラス名を変えることになると、メソッド名も変更しないといけない短所があります。最初に出てきた`def self.`メソッド名の`self`は、実はクラスを返しています。クラス名を書く方法と同じスタイルですが、`self`を使って書くと、クラス名が変わったときに書き換えなくて良い長所があります。

- インスタンスメソッドはインスタンスに対して呼び出すメソッド
- クラスメソッドはクラスに対して呼び出すメソッド
- クラスメソッドは`def self.`メソッド名のようにメソッド名の前に`self.`を書いて定義する

8-7 継承を使ってクラスを分ける

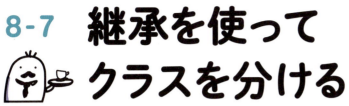

　カフェのメニューでは、扱っている商品を、ドリンクやフードなど種類別に分類して掲載しています。さらにドリンクの中ではコーヒー、紅茶、スムージーのように階層を作って分類されています。このような「種類別に階層を作って分類する」ことを、プログラムで表現するときには「継承」という仕組みが利用できます。ここでは継承を使ってクラスを作る方法を見ていきましょう。

 継承

　題材として、カフェでの商品およびドリンクを、継承を利用して扱うプログラムを見てみましょう。実際のプログラム例を出して説明していきます。
　まず、ケーキやマフィンといった商品を扱う`Item`クラスを作ります。`Item`クラスは名前を設定して使うことができます。

● item1.rb

```
1: class Item
2:   def name
3:     @name
4:   end
5:   def name=(text)
6:     @name = text
7:   end
8: end
```

　そして、ドリンクを扱う`Drink`クラスを作ります。ドリンクでは名前に加えて、サイズの情報も持ちます。

● item2.rb

```
1: class Drink
2:   def name
3:     @name
```

```
 4:      end
 5:     def name=(text)
 6:       @name = text
 7:     end
 8:     def size
 9:       @size
10:     end
11:     def size=(text)
12:       @size = text
13:     end
14:   end
```

このItemクラスとDrinkクラスにおいて、nameメソッドとname=メソッドの内容は同じです。また、DrinkはItemの一種類という関係があります。このようなときには、「継承」の仕組みを使うと次のように書けます。

● item3.rb

```
 1:  class Item
 2:    def name
 3:      @name
 4:    end
 5:    def name=(text)
 6:      @name = text
 7:    end
 8:  end
 9:
10:  class Drink < Item ────❶
11:    def size
12:      @size
13:    end
14:    def size=(text)
15:      @size = text
16:    end
17:  end
18:
19:  item = Item.new
20:  item.name = "マフィン"
21:
22:  drink = Drink.new
23:  drink.name = "カフェオレ" ────❷
24:  drink.size = "tall"
25:  puts "#{drink.name} #{drink.size}サイズ"
```

```
ruby item3.rb ⏎
カフェオレ tallサイズ
```

❶で`class Drink < Item`のようにクラスを定義すると、`Item`クラスを継承した`Drink`クラスを作ることができます。この`Drink`クラスは`Item`クラスのすべてのメソッドを受け継ぎます。つまり、ここでは`Item`クラスの`name`メソッドと`name=`メソッドを`Drink`クラスでも使うことができます。❷で`Drink`クラスのオブジェクトへ呼び出している`name=`メソッドは、親にあたる`Item`クラスの`name=`メソッドを使っています。

このような`Item`クラスを使った`Drink`クラスの定義を「`Item`クラスを継承して`Drink`クラスを定義する」と言い、「`Drink`クラスは`Item`クラスを継承したクラス」といいます。そして、継承元である`Item`クラスはスーパークラスと呼び、継承先である`Drink`クラスはサブクラスと呼びます。継承先のクラスは、スーパークラスのすべてのメソッドを受け継ぎます。また、スーパークラスが親、サブクラスが子と考えることもできるので、本書では親クラス、子クラスという呼び方もします。

● 継承

```
class クラス名 < スーパークラス名
end
```

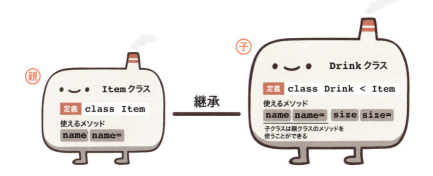

COLUMN
親クラスと子クラスのどちらにメソッドを加えるか

　さきほどのプログラムへ加えて、価格を設定、取得するメソッドを加える場合を考えてみましょう。これは商品全般に共通するものです。親クラスである`Item`クラスに書くことで、それを継承した`Drink`クラスでも利用でき、重複せずに書くことができます。また、`Item`クラスを継承した別のクラス（たとえば`Food`）を作るときにも、`Item`クラスに書かれたものを共同利用できます。

　一方でホットかアイスかを設定、取得するメソッドは、ドリンクに固有なもので、商品には不要そうです。このケースでは、`Drink`クラスにメソッドを追加するのが良いでしょう。

Rubyが用意しているクラスたちの継承関係

　整数クラス`Integer`や小数クラス`Float`は、数値クラス`Numeric`を継承して作られています（Ruby 2.3とそれより前のバージョンでは`Integer`クラスは細分化されていて`Fixnum`クラスと`Bignum`クラスに分かれています）。たとえば、`0`かどうかを判断する`zero?`メソッドは`Integer`クラスや`Float`クラスの親クラスである`Numeric`に定義されています。子クラスは親クラスのメソッドを呼び出すことができるので、`Integer`クラスも`Float`クラスも`zero?`メソッドを呼び出すことができます。

　あるクラスの継承関係を見るには`ancestors`メソッドを使います。`ancestors`メソッドは、そのクラスの継承関係（親クラス群）を表示するメソッドです。クラスの家系図のようなものですね。親クラスのそのまた親クラス、というように、継承関係上の祖先をたどることができます。より正確には、親クラスと`include`しているモジュールを表示します。モジュールと`include`は次の章で説明します。

● ancestors.rb

```
1: p Integer.ancestors
2: # => [Integer, Numeric, Comparable, Object, Kernel, BasicObject]
3: p Array.ancestors
4: # => [Array, Enumerable, Object, Kernel, BasicObject]
5: p Class.ancestors
6: # => [Class, Module, Object, Kernel, BasicObject]
```

　いくつかのクラスの`ancestors`を見ると、どのクラスの祖先にも`Object`、`Kernel`、`BasicObject`があります。これらのクラスやモジュールによって、オブジェクトとしての基礎となる動作が提供されています。

 ## 親子のクラスで同名のメソッドを作ったときの動作

　親クラスと同じ名前のメソッドを子クラスで書いたとき、どちらが呼び出されるのでしょうか？　プログラムを書いて確かめてみましょう。

　さきほど書いた`Item`クラスと`Drink`クラスに`full_name`メソッドを作ります。`full_name`メソッドは、`Drink`クラスでは`@name`と`@size`を合わせた名前を、`Item`クラスでは`@name`をそのまま返すことにします。

● item4.rb

```
1: class Item
2:   def name
3:     @name
4:   end
5:   def name=(text)
6:     @name = text
7:   end
```

```
 8:    def full_name
 9:      @name
10:    end
11:  end
12:
13:  class Drink < Item
14:    def size
15:      @size
16:    end
17:    def size=(text)
18:      @size = text
19:    end
20:    def full_name
21:      "#{@name} #{@size}サイズ"
22:    end
23:  end
24:
25:  drink = Drink.new
26:  drink.name = "カフェオレ"
27:  drink.size = "tall"
28:  puts drink.full_name #=> カフェオレ tallサイズ
```

　Drinkクラスのオブジェクトに対してfull_nameメソッドを呼び出すと、Drinkクラスのfull_nameメソッドが呼び出されます。親子のクラスで同名のメソッドがあるときは、自分のクラスのメソッドが呼ばれます（より正確に言うと、継承関係を親へ親へとたどっていって、最初に該当したメソッドを呼び出します）。親クラスの同名メソッドは呼ばれず、覆い隠された形になります。

親クラスのメソッドを呼び出す -super　Challenge

　さきほどのitem4.rbでは、drinkクラスのオブジェクトでfull_nameメソッドを呼び出すと、Drinkクラスのメソッドが呼び出されました。親クラスであるItemクラスのfull_nameメソッドは、子クラスであるDrinkクラスの同名メソッドで覆い隠されて呼び出されなくなりました。これは上書きされたわけではなくて、呼び出しされなくなっているだけです。Drinkクラスで親クラスItemのfull_nameメソッドを呼び出すこともできます。

　メソッド中でsuperと書くことで、親クラスの同名メソッドを呼び出すことができます。次のプログラムを見てみましょう。

● item5.rb

```
1:  class Item
2:    def name
3:      @name
4:    end
```

```ruby
 5:    def name=(text)
 6:      @name = text
 7:    end
 8:    def full_name        ──❹
 9:      @name
10:    end
11:  end
12:
13:  class Drink < Item
14:    def size
15:      @size
16:    end
17:    def size=(text)
18:      @size = text
19:    end
20:    def full_name        ──❷
21:      super              ──❸
22:    end
23:  end
24:
25:  drink = Drink.new
26:  drink.name = "カフェオレ"
27:  drink.size = "tall"
28:  puts drink.full_name #=> カフェオレ    ──❶
```

　このプログラムはsuperを使って、Drinkクラスのfull_nameメソッドで親クラスItemのfull_nameメソッドを呼び出しています。❷で定義されたDrinkクラスのfull_nameメソッドを❶で呼び出します。❸でsuperを実行すると、親クラスの同名メソッドである❹が呼び出されます。superは親クラスの同名メソッドを呼び出して、戻り値を返します。親クラスItemのfull_nameメソッドは@nameを返すので、❶で表示されるのは"カフェオレ"となります。

　また、superが戻り値を返すことを利用して、Drinkクラスのfull_nameメソッドの❸の行を次のように書くと、1つ前のitem4.rbと同じ動作のプログラムになります。

　　"#{super} #{@size}サイズ"　──❸の行を書き換えて、superを使って item4.rbと同じ動作にする

- 子クラスは親クラスのすべてのメソッドを受け継いで利用できる
- superを使うと親クラスの同名メソッドを呼び出せる

8-8 メソッドの呼び出しを制限する

クラスのインスタンスメソッドは、クラス定義の外から呼び出したり、クラス定義の中から呼び出したりと、両方の呼び出し方ができました。メソッドの呼び出しを制限して、後者の「クラス定義の中で呼び出せる」だけに限定するメソッドを作ります。メソッド呼び出しを許可したり制限したりすることで、クラスの使い方を他のプログラマーへ伝えることができます。

クラスでのメソッド定義の中だけで呼び出せるメソッドを作る

　これまでに作ってきたクラスのインスタンスメソッドは、まず、クラス定義の外でレシーバに続けて呼び出すことができました。たとえば、P.187の `drink5.rb` の `drink.name` の形です。

　そして、別の呼び出し方として、クラス内のメソッド定義の中でレシーバを省略して呼び出すことができました。たとえば、P.190の `drink7.rb` の `topping` の形です。

　ここから、クラス定義の外でレシーバを指定した呼び出し方（前の例での `drink.name`）を制限することを考えます。つまり、後者であるクラスのメソッド定義の中からレシーバを省略して呼び出す形（前の例での `topping`）だけを許すようにします。

　今回の題材は「カフェでお客様用メソッドに加えて、店員専用メソッドを作る」です。次のプログラムを見てください。

● private1.rb

```
 1: class Cafe
 2:   def staff
 3:     makanai          ——❶
 4:   end
 5:   def makanai
 6:     "店員用スペシャルメニュー"
 7:   end
 8: end
 9: 
10: cafe = Cafe.new
11: puts cafe.staff   #=> 店員用スペシャルメニュー
12: puts cafe.makanai #=> 店員用スペシャルメニュー          ——❷
```

```
ruby private1.rb ⏎
店員用スペシャルメニュー
店員用スペシャルメニュー
```

staffメソッドの中で同じクラスのmakanaiメソッドを呼び出しています。cafe.staffでメソッドを呼び出すと、あわせてmakanaiメソッドを呼び出します。

一方で、cafe.makanaiでもメソッドを呼び出すことができます。ここで、makanaiはスタッフしか注文できないので、Cafeクラスのメソッド定義の中から呼べないようにしてみましょう。つまり、この例では❶のstaffメソッドの中でのmakanaiメソッド呼び出しはできるが、❷のcafe.makanaiの呼び出しは禁止するようにします。

この用途のためにprivateが用意されています。privateを使うと、レシーバを指定してのメソッド呼び出しを禁止するメソッドが定義できます。次のプログラムを見てください。

● private2.rb

```
 1: class Cafe
 2:   def staff
 3:     makanai          ──────❶
 4:   end
 5:   private            ──────❸ 以降で定義するメソッドをprivateなメソッドにする
 6:   def makanai
 7:     "店員用スペシャルメニュー"
 8:   end
 9: end
10:
11: cafe = Cafe.new
12: puts cafe.staff #=> 店員用スペシャルメニュー
13: puts cafe.makanai    ──────❷
```

```
ruby private2.rb ⏎
店員用スペシャルメニュー
Traceback (most recent call last):
private2.rb:12:in `<main>': private method `makanai' called for
#<Cafe:0x00007f8da60345b8> (NoMethodError)
```

❸のように、privateをクラスに書くと、クラスのそれ以降に定義したメソッドはprivateなメソッドになります。privateなmakanaiメソッドを、❷のようにcafe.makanaiとレシーバを指定して呼び出そうとすると、意図通りエラーになります。

privateなmakanaiメソッドは、❶のようにレシーバを指定しない方法では呼び出しできます。レシーバを書かないで呼び出せるのは、そのクラス定義内のインスタンスメソッドの中でしたね。このように、privateなメソッドを定義するとレシーバを書かない形式でのみ呼び出せるので、結果的に、メソッドを呼び出すことができる場所をクラス定義の中だけに限定できます。

一方で、ここでのstaffメソッドのように、cafe.staffとレシーバに続けて書いて呼び出せるメソッドをpublicなメソッドといいます。この形式は、クラス定義の外でも書くことがで

きます。

次の表は`private`なメソッドと`public`なメソッドの呼び出し可否についてまとめたものです。なお、`public`、`private`のほかに`protected`なメソッドもありますが、使う機会が少ないので本書では説明を省略します。

● `private`なメソッド、`public`なメソッド

	レシーバを書いた オブジェクト.メソッド名 形式での呼び出し	レシーバを書かない メソッド名 形式での呼び出し
`private`なメソッド	×	○
`public`なメソッド	○	○

「クラス定義の外からレシーバを指定した形ではメソッドを呼ばせないようにする」という機能は、新しい機能を提供しているわけでもなく、できることを減らしているだけの、無意味なことにも思えるかもしれません。しかし、さきほどのプログラムでは`makanai`メソッドを`private`にすることで、「このクラスのオブジェクトでは、`makanai`メソッドを使うのではなくて、`staff`メソッドを使ってくださいね。」という設計上の意図をほかのプログラマーへ伝えることができています。プログラムを通じて、作ったクラスとメソッドを、そのオブジェクトらしく正しく使ってもらう方法を伝えている、大切な機能です。

 `private`と`public`

`private`を使うと、それ以降に定義したメソッドが`private`なメソッドになることを説明しました。復習を兼ねて整理してみましょう。

● private_public1.rb

```
 1:  class Foo
 2:    def a          ——— public
 3:    end
 4:    def b          ——— public
 5:    end
 6:
 7:    private
 8:
 9:    def c          ——— private
10:    end
11:    def d          ——— private
12:    end
13:  end
```

この例では、`a`と`b`のメソッドは`public`なメソッド、`c`と`d`は`private`なメソッドになります。クラス内に`private`を書かずに定義したメソッドは`public`なメソッドになり、`private`より後ろで定義したメソッドは`private`なメソッドになります。

CHAPTER 8　部品をつくる - クラス

privateを書いたあとでpublicなメソッドを再び書きたいときのために、publicも用意されています。publicを書くと、以降に定義するメソッドはpublicなメソッドになります。

● private_public2.rb

```
 1: class Foo
 2:   def a        ──── public
 3:   end
 4:
 5:   def b        ──── public
 6:   end
 7:
 8:   private
 9:
10:   def c        ──── private
11:   end
12:
13:   public
14:
15:   def d        ──── public
16:   end
17: end
```

このように書くと、a、b、dのメソッドがpublic、cのメソッドがprivateになります。privateとpublicは何度でも書くことができますが、最初にpublicなメソッドをまとめて書き、そのあとにprivateなメソッドをまとめて書くことが一般的です。そのクラスの使い方を知るときにはpublicなメソッドを読む必要があるので、先頭に書いてあった方が都合が良いためです。

また、privateをメソッド定義するdefの前に書くことで、そのメソッドだけをprivateなメソッドにすることもできます。次のプログラムではaメソッドだけをprivateなメソッドにしています。

● private_public3.rb

```
1: class Foo
2:   private def a    ──── private
3:   end
4:
5:   def b            ──── public
6:   end
7: end
```

privateなクラスメソッドを定義する Challenge

`self.`メソッド名でクラスメソッドを定義できますが、この前に`private`を書いておいても`private`なメソッドになりません。

● private_class_method1.rb

```
1: class Foo
2:   private
3:   def self.a
4:     "method a"
5:   end
6: end
7: p Foo.a
```

```
ruby private_class_method1.rb ⏎
"method a"
```

替わりにメソッド定義の`def`の前に`private_class_method`と書きます。

● private_class_method2.rb

```
1: class Foo
2:   private_class_method def self.a
3:     "method a"
4:   end
5: end
6: p Foo.a
```

```
ruby private_class_method2.rb ⏎
private_class_method2.rb:6:in `<main>': private method `a' called for Foo:Class (NoMethodError)
```

また、前のコラムで紹介した`class << self`の書き方では、`private`を使うことができます。

> - `private`よりも後ろで定義したメソッドは`private`なメソッドになる
> - `private`なメソッドはレシーバを指定したオブジェクト.メソッド名の形式で呼び出しができなくなる
> - クラスの中で`private`より前または`private`を書かずに定義したメソッド、および`public`よりも後ろで定義したメソッドは`public`なメソッドになる
> - `public`なメソッドはオブジェクト.メソッド名の形式でも、レシーバを指定しない メソッド名 の形式でも呼び出しができる

CHAPTER 8　部品をつくる - クラス

練習問題

8-1

問1 ハッシュ{:coffee => 300, :caffe_latte => 400}のクラスを確認してください。

問2 HashクラスのnewメソッドをつかGo、空のハッシュオブジェクトを作って表示してください。

8-2

問3 CaffeLatteクラスを定義してください。定義したCaffeLatteクラスのオブジェクトを作ってください。作ったオブジェクトが属するクラスを調べてください。

8-3

問4 Itemクラスを定義してください。メソッドnameを定義して、戻り値として"チーズケーキ"を返してください。Itemクラスのオブジェクトを作って、メソッドnameを呼び出してください。

8-4

問5 Itemクラスを定義してください。インスタンス変数@nameへ代入するname=メソッドをItemクラスへ定義してください。定義したメソッドを使って@nameへ"チーズケーキ"を代入してください。また、インスタンス変数@nameを取得するnameメソッドを定義して、@nameを表示してください。

8-5

問6 "商品を扱うオブジェクト"と表示させるinitializeメソッドをItemクラスに定義して、呼び出してください。

問7 Itemクラスにinitializeメソッドを定義してください。引数を1つ渡し、@name変数に代入してください。Itemクラスのオブジェクトを2つ作り、@name変数にそれぞれ"マフィン"、"スコーン"を代入してください。また、インスタンス変数@nameを取得するnameメソッドを定義して、2つのオブジェクトの@name変数を表示してください。

8-6

問8 Drinkクラスにクラスメソッドtodays_specialを定義して、"ホワイトモカ"を戻り値としてください。

8-7

問9 P.207のitem1.rbのItemクラスを継承したFoodクラスを作ってください。Foodクラスのオブジェクトを作り、@nameに"チーズケーキ"を代入して、nameメソッドを呼び出してください。

CHAPTER

9

部品を共同利用する
- モジュール

"ドクター・チャムの人生の中の年を1つあげてもらえたら、その時期における彼の概要を教えてあげるよ。私はそれをRubyのメソッドを使ってやる。これは独立した一片の孤立したコードの塊で、ロボット火山の声にだってつなぐことができる。そんなものが権威ある声優の最高の仕事になるときには。"

—— _whyの（感動的）rubyガイド 第5章より

　この章では、クラスとは違う仕組みでプログラムを整理して書く方法である「モジュール」を説明します。モジュールを使うとクラスとは違う仕組みの部品を作ることができます。この章を学ぶと、モジュールを利用してメソッドを共同利用する部品を作り、使うことができるようになります。

1	複数のクラスでメソッドを共同利用する	P.220
2	モジュールのメソッドや定数をそのまま使う	P.228
3	部品を別ファイルに分ける	P.231

CHAPTER 9　部品を共同利用する - モジュール

9-1 複数のクラスでメソッドを共同利用する

モジュールを使うと、メソッドを共同利用することができます。ここでは、複数のクラスでメソッドを共同利用します。クラスにてモジュールをインクルードすることで、モジュールに定義したメソッドをあたかもクラス自身に定義されたメソッドとして使えるようにします。

 ## メソッドを共同利用する手順

　題材として、ホイップクリームのトッピングを考えます。ホイップクリームはドリンクでもケーキでも楽しめるものですね。こんな場面でモジュールを使うと、ドリンクでもケーキでもトッピングできる部品を作ることができます。ホイップクリームをトッピングするメソッドを作り、メソッドを共同利用してみましょう。
　複数のクラスでメソッドを共同利用するには、次の3つの手順を行います。

1. モジュールを作る
2. モジュールにメソッドを定義する
3. モジュールのメソッドをクラスで使う

　それでは、1つずつ書いてみましょう。

 ## モジュールを作る

　最初の手順はモジュールを作ることです。ホイップクリームをトッピングする、`WhippedCream`という名前のモジュールを定義します。

● module1.rb
```
1: module WhippedCream
2: end
```

```
ruby module1.rb ⏎
```
──────何も表示されません

● モジュールの定義
```
module モジュール名
end
```

モジュールの定義はクラスの定義と似ています。モジュール名はクラス名と同じように、先頭を大文字から始めるキャメルケースで書きます。書式もクラスと似ていて、`class`を`module`に置き換えて書きます。

モジュールはクラスと似ているものです。しかし、クラスと違ってインスタンスを作ることができません。主にメソッドを共同利用するための部品です。

モジュールにメソッドを定義する

2つ目の手順はモジュールにメソッドを定義することです。モジュールはクラスと同じように、インスタンスメソッドやクラスメソッド（正確にはモジュールメソッドですが、本書ではクラスメソッドに統一して書きます）を定義できます。引数や戻り値も同じように使えます。`WhippedCream`モジュールにインスタンスメソッドを定義してみましょう。ここではホイップクリームをトッピングする`whipped_cream`メソッドを定義します。

● module2.rb
```
1: module WhippedCream
2:   def whipped_cream
3:     @name += "ホイップクリーム"
4:   end
5: end
```

```
ruby module2.rb ⏎
```
──────何も表示されません

インスタンスメソッド`whipped_cream`を呼ぶとインスタンス変数`@name`の後ろに"ホイップクリーム"を追加します。`module2.rb`を実行しても何も表示されないのは、定義しただけではメソッドは実行されないからです。これはクラスのときと同じですね。

これで3つの手順のうちの2つが完了しました。次は最後の手順です。いよいよ動かすことができるようになります！

モジュールのメソッドをクラスで使う - include

できあがった`WhippedCream`モジュールをさっそく使いたいところですが、その前にモジュールを使う側である`Drink`クラスを作っておきましょう。P.201の`initialize3.rb`で書いた

CHAPTER 9　部品を共同利用する - モジュール

Drinkクラスを使うことにします。Drinkクラスは@nameを持っています。Drink.newでオブジェクトが作られたときに呼ばれるinitializeメソッドで、引数で渡した"モカ"が@nameに代入されます。

● module3.rb

```
 1: class Drink
 2:   def initialize(name)
 3:     @name = name
 4:   end
 5:   def name
 6:     @name
 7:   end
 8: end
 9:
10: drink = Drink.new("モカ")
11: puts drink.name
```

```
ruby module3.rb ⏎
モカ
```

このDrinkクラスにて、WhippedCreamモジュールのwhipped_creamメソッドを使えるようにし、@nameの末尾に"ホイップクリーム"を加えるのがゴールです。

モジュールのメソッドをクラスで使えるようにするためには、includeメソッドでモジュールを指定して、クラスにモジュールをインクルードします。

● includeメソッド

```
class クラス名
  include モジュール名
end
```

● module4.rb

```
 1: module WhippedCream
 2:   def whipped_cream
 3:     @name += "ホイップクリーム"  ────❶
 4:   end
 5: end
 6:
 7: class Drink
 8:   include WhippedCream  ────❷
 9:   def initialize(name)
10:     @name = name  ────❸
11:   end
12:   def name
13:     @name  ────❹
```

222

```
14:     end
15:   end
16:
17:   drink = Drink.new("モカ")         ──❺
18:   drink.whipped_cream              ──❻
19:   puts drink.name                  ──❼
```

ruby module4.rb ⏎
モカホイップクリーム

❷の`include WhippedCream`を実行すると、`Drink`クラスのオブジェクトは、モジュール`WhippedCream`のメソッド、ここでは`whipped_cream`が利用可能になります。❻で実行している`drink.whipped_cream`は、`WhippedCream`モジュールに定義したメソッドです。❼で`drink`オブジェクトの`@name`を表示すると、その前の行❻で`whipped_cream`メソッドが実行されているので、`@name`は末尾にトッピングが追加された"モカホイップクリーム"になっています。

このプログラムでは`Drink`クラスのオブジェクトが持っている`@name`が3カ所で使われています。`@name`の動きに沿ってプログラムの流れをもう1回追いかけてみましょう。❺の`Drink.new`メソッドの引数に"モカ"が渡され、❶で`@name`に代入されます。ここで作られた`Drink`クラスのオブジェクト（`@name`の持ち主です）は変数`drink`に代入されます。次の行❻で`drink`オブジェクトの`whipped_cream`メソッドが呼び出され、❶で`@name`の末尾に"ホイップクリーム"が足されます。❼で`@name`を取得すると、"モカホイップクリーム"となっています。

また、先ほどのプログラムは、モジュールを使わずに書いた次のプログラムと同じ動作になります。

● **module5.rb**

```
 1: class Drink
 2:   def whipped_cream
 3:     @name += "ホイップクリーム"
 4:   end
 5:   def initialize(name)
 6:     @name = name
 7:   end
 8:   def name
 9:     @name
10:   end
11: end
12:
13: drink = Drink.new("モカ")
14: drink.whipped_cream
15: puts drink.name
```

ruby module5.rb ⏎
モカホイップクリーム

CHAPTER 9　部品を共同利用する - モジュール

　このようにクラスで include メソッドを使うと、引数で指定したモジュールのメソッドを、あたかもクラス自身のインスタンスメソッドとして使えるようになります。1 つのクラスの中で include メソッドは何度でも呼べるので、複数のモジュールを同じクラスでインクルードして、それらのメソッドを利用することもできます。

 ## モジュールは複数のクラスで共同利用できる

　モジュールの優れたところは、複数のクラスで使えるところです。複数のクラスでモジュールを include することで、そのモジュールのメソッドを共同利用できます。

● module6.rb

```
 1: module WhippedCream
 2:   def whipped_cream
 3:     @name += "ホイップクリーム"
 4:   end
 5: end
 6:
 7: class Drink
 8:   include WhippedCream
 9:   def initialize(name)
10:     @name = name
11:   end
12:   def name
13:     @name
14:   end
15: end
16:
17: class Cake
18:   include WhippedCream
19:   def initialize(name)
20:     @name = name
21:   end
22:   def name
23:     @name
24:   end
25: end
26:
27: drink = Drink.new("モカ")
28: drink.whipped_cream
29: puts drink.name #=> "モカホイップクリーム"
30:
31: cake = Cake.new("チョコレートケーキ")
32: cake.whipped_cream
33: puts cake.name #=> "チョコレートケーキホイップクリーム"
```

```
ruby module6.rb ⏎
```
モカホイップクリーム
チョコレートケーキホイップクリーム

　Drinkクラスのほかに、ケーキを扱うCakeクラスを作りました。そして、Drinkクラスと同様に、CakeクラスでもWhippedCreamモジュールをインクルードします。WhippedCreamモジュールをインクルードすると、DrinkクラスだけでなくCakeクラスのオブジェクトでもwhipped_creamメソッドを呼び出せていますね。

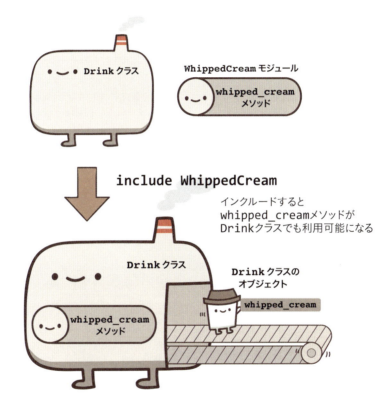

　このようにモジュールを使うと、クラスの継承とは違った形でメソッドを共同利用する仕組みを提供できます。前の章で説明したように、継承を使うときには「（子クラスである）Drinkクラスは（親クラスである）Itemクラスの一種類である」という関係を持っていないと、違和感を感じる場合が多いです。モジュールではそのようなことは気にしなくて良いので、継承が適当でないなと思った場面でも選択肢として検討してみてください。

CHAPTER 9　部品を共同利用する - モジュール

COLUMN

Enumerableモジュール

配列に対して「全要素が該当しない」ことを調べるnone?メソッドがあります。

- none1.rb

```
1: [1, 2].none?{ |x| x == 0 } #=> true
2: [1, 2].none?{ |x| x == 1 } #=> false
```

ところが、このnone?メソッドはリファレンスマニュアルのArrayのページには書いてありません。ではどこに書いてあるかと言うと、Enumerableモジュールのページに書いてあります。

https://docs.ruby-lang.org/ja/2.5.0/class/Enumerable.html#I_NONE--3F

EnumerableモジュールはArrayクラスにインクルードされていて、メソッド群を提供しています。none?メソッドもその1つです。Enumerableモジュールはリファレンスマニュアルを見ると分かるように、たくさんのメソッドが提供されるとても便利なモジュールです。配列ではEnumerableモジュールのメソッドもすべて使えるということです。

Enumerableモジュールにはeachメソッドを使うメソッド群が定義されています。そのため、Enumerableモジュールを使うためには、インクルード元のクラスにeachメソッドが定義されている必要があります。逆に言えば、自分で作ったクラスにeachメソッドを定義しておけば、Enumerableモジュールをインクルードすることで、たくさんのメソッド群を使うことができるという便利な仕組みになっています。

Rubyが用意しているクラスでは、ほかにも例えばHashクラスがeachメソッドを持っていて、Enumerableモジュールがインクルードされています。ハッシュでもEnumerableモジュールのメソッドを使うことができます。

- none2.rb

```
1: {a: 1, b: 2}.none?{ |k,v| v == 0 } #=> true
2: {a: 1, b: 2}.none?{ |k,v| v == 1 } #=> false
```

　モジュールのメソッドをクラスメソッドにする - extend　[Challenge]

extendメソッドをクラスで使うと、モジュールのメソッドをextend先のクラスのクラスメソッドとして使うことができます。クラスでincludeを使うとモジュールのメソッドをインスタンスメソッドとして利用できるようになりましたが、extendを使うとクラスメソッドとして利用できるようになります。

P.204のclass_method1.rbをモジュールとextendを使って書くと、次のようになります。

226

● extend.rb

```
1: module Greeting ────────❶
2:   def welcome ────────❷extendしたいメソッドをインスタンスメソッドとして定義
3:     "いらっしゃいませ!"
4:   end
5: end
6: class Cafe
7:   extend Greeting ────────❸
8: end
9: puts Cafe.welcome #=> "いらっしゃいませ!"   ────────❹
```

❶でextendメソッドで利用するモジュールを定義しています。❷で利用したいクラスメソッドwelcomeをインスタンスメソッドとして定義します。インスタンスメソッドで定義することに注意してください。

❸でextendメソッドの引数にモジュールGreetingを渡すと、❷で定義したwelcomeメソッドが、Cafeクラスのクラスメソッドとして利用可能になります。extendメソッドの書き方はincludeメソッドと同様、モジュールを引数として書きます。❹で、そのCafeクラスのクラスメソッドwelcomeを呼び出しています。

モジュールを定義する

```
module モジュール名
end
```

クラスにモジュールをインクルードする

```
class クラス名
  include モジュール名
end
```

- モジュールを使うとメソッドを共同利用することができる
- モジュールにはインスタンスメソッドを定義できる
- モジュールはクラスと違い、インスタンスを作ることはできない
- クラスにモジュールをインクルードすると、モジュールに定義したインスタンスメソッドを利用できる
- eachメソッドを定義しているクラスで、Enumerableモジュールをインクルードするとメソッド群を利用できる
- 配列やハッシュではEnumerableモジュールのメソッド群を利用できる

9-2 モジュールのメソッドや定数をそのまま使う

先ほどはモジュールのメソッドを複数のクラスで共同利用しました。モジュールの別の使い方として、定義したクラスメソッドや定数をそのまま使う方法もあります。

モジュールにクラスメソッドを定義する

モジュールにはインクルードしてメソッドを提供する使い方のほかに、クラスメソッドや定数を定義して呼び出す使い方があります。この使い方はクラスと同様です。

● module_method.rb

```
1: module WhippedCream
2:   def self.info
3:     "トッピング用ホイップクリーム"
4:   end
5: end
6: puts WhippedCream.info   #=> トッピング用ホイップクリーム
```

クラスメソッド`info`を定義して呼び出しています。定義の仕方も呼び出し方もクラスと同様です。クラスと比べると、モジュールは`new`メソッドを使ってインスタンスを作ることができませんが、このようなクラスメソッドをまとめるときには、使い方に迷わないのでむしろ好都合です。

また、次のプログラムは定数を使う例です。定数は大文字で始めるルールでしたね。

● module_constant.rb

```
1: module WhippedCream
2:   Price = 100    ──── 定数Priceに100を代入
3: end
4: puts WhippedCream::Price   #=> 100
```

モジュールWhippedCreamの中で定義されている定数Priceを使うときには、このように WhippedCream::Priceと::でつなげて書きます。詳しくはこの後の「Challenge: 名前空間」を参照してください。

Rubyが用意しているモジュールを使う

ここまでは自分でモジュールを定義してきました。自分で定義するほかにも、Rubyが用意している便利なモジュールを使う方法もあります。Rubyが用意しているモジュールの例として、Mathモジュールを使ってみましょう。Mathモジュールにはsinやcosなど数学計算用のクラスメソッドと、PI（円周率）などの定数が定義されています。

- `math.rb`

```ruby
puts Math::PI #=> 3.141592653589793
puts Math.cos(Math::PI) #=> -1.0
```

Mathモジュールの中の定数PIを使いたいときは、自分でモジュールを定義したときと同様にMath::PIと::でつなぎます。

名前空間 [Challenge]

同じクラス名を複数の場所で使いたいが、別のクラスなので別々に定義して呼び分けたい、というケースがあります。たとえば、カフェごとに違うCoffeeクラスを作るケースを考えてみましょう。こんなときには、モジュールを使って名前を付け分けるという手法があります。これを「名前空間を作る」とも言います。

- `namespace.rb`

```ruby
module BecoCafe
  class Coffee
    def self.info
      "深みと香りのコーヒー"
    end
  end
end
module MachuCafe
  class Coffee
    def self.info
      "豊かな甘みのコーヒー"
    end
  end
end
puts BecoCafe::Coffee.info  #=> 深みと香りのコーヒー
puts MachuCafe::Coffee.info   #=> 豊かな甘みのコーヒー
```

CHAPTER 9　部品を共同利用する - モジュール

● クラス名（またはモジュール名）の指定

クラス名(またはモジュール名)::クラス名(またはモジュール名)

　これでそれぞれの`Coffee`クラスは別のクラスとなりました。`BecoCafe::Coffee`や`MachuCafe::Coffee`のようにモジュール名::クラス名と書くことでクラスを使い分けることができます。

　モジュールやクラスを3つ以上つなげることもできます。また、プログラムで一番外側に書かれているクラスやモジュールは`::BecoCafe`や`::BecoCafe::Coffee`のように、先頭に`::`をつけて書くこともできます。

　このような`BecoCafe`や`MachuCafe`を定義するには、クラスとモジュールのどちらも利用できますが、インスタンスを作るときはクラス、作らないときはモジュールを使うと意図が伝わりやすいでしょう。名前空間を分けるだけであればインスタンスを作る必要がないので、モジュールを使うのが良いでしょう。

- モジュールにはクラスメソッド、定数を定義できる
- モジュールの中の定数を使うときは`::`でモジュール名と定数名をつなぐ

9-3 部品を別ファイルに分ける

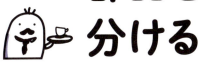

ここまででクラスやモジュールを部品として作るさまざまな方法を学んできました。これらの部品を整理して扱うために、クラスやモジュールを別のファイルに定義しておいて、読み込む仕組みが用意されています。この仕組みを使うと、整理して書けるだけでなく、複数のプログラム間で部品を共同利用することができるようになります。

別ファイルのクラスやモジュールを読み込む

ここまでは1つのプログラムを1つのファイルに全て書いていましたが、プログラムの一部を別のファイルから読み込む仕組みも用意されています。

題材として、Drinkクラスへ WhippedCream モジュールをインクルードしたプログラムを、WhippedCream モジュールを別ファイルに保存して読み込むように書き換えてみましょう。プログラムとして、P.222で出てきた module4.rb を使います。module4.rb から、WhippedCream モジュールを別のファイルへ移してみましょう。

次の2つのプログラムを書いて、同じフォルダに保存してください。ruby コマンドで実行するのは drink1.rb です。

● whipped_cream.rb

```
1: module WhippedCream
2:   def whipped_cream
3:     @name += "ホイップクリーム"
4:   end
5: end
```

● drink1.rb

```
1: require_relative "whipped_cream"  ──❶
2: class Drink
3:   include WhippedCream
4:   def name
5:     @name
```

```
 6:      end
 7:      def initialize
 8:        @name = "モカ"
 9:      end
10:    end
11:
12:    mocha = Drink.new
13:    mocha.whipped_cream
14:    puts mocha.name
```

ruby drink1.rb ⏎
モカホイップクリーム

　WhippedCreamモジュールを別ファイルwhipped_cream.rbで定義しました。それを読み込んでdrink1.rbを実行します。結果は書き換える前と同じ「モカホイップクリーム」になっていますね。
　whipped_cream.rbファイルを読み込んでいるのが❶の行です。require_relativeメソッドの引数に文字列で、ファイル名（.rbは省略可能）を書きます。これでrequire_relativeメソッドを書いたプログラムファイル（ここではdrink1.rb）から、読み込んだファイル（ここではwhipped_cream.rb）で書かれた定義（ここではWhippedCreamモジュール）を使うことができます。rubyコマンドで実行するのは読み込んだ側であるdrink1.rbだけです。

　モジュール定義だけでなく、クラス定義も別ファイルに書くことができます。別のファイルに書いておくと、整理できるだけでなく、複数のプログラムで読み込んで共用することができるメリットもあります。
　たとえば、今回書いたwhipped_cream.rbをこれから書く新しいプログラムchocolate_cake.rbから読み込んで、そこでChocolateCakeクラスにWhippedCreamモジュールを使うこともできるわけです。

require_relative と require

　別のファイルを読み込むときに、require_relativeメソッドの代わりにrequireメソッドを使うこともできます。
　現在のフォルダにあるファイルであれば、先ほどのrequire_relative "whipped_cream"をrequireメソッドを使って書くとrequire "./whipped_cream"と書けます。
　別のファイルを読み込むときは、require_relativeメソッドを使うのがお勧めです。
　requireメソッドは別の使い方もあるので、P.236でまた登場します。

includeとrequire_relativeの違い `Challenge`

　includeとrequire_relativeはどちらも「読み込む」という機能で似ているように感じますが、違う機能です。

　includeはモジュール名を渡して、そのモジュールに書かれたメソッドをクラスから利用できるようにするメソッドです。require_relativeは、ファイル名を渡してそのファイルに定義されたクラスやモジュールを使えるようにするメソッドです。セットで使うことも多いこの2つですが、それぞれ機能が違います。

ファイルを読み込む

```
require_relative "ファイル名"
```

- require_relativeメソッドを使うと、別ファイルに定義されたクラスやモジュールを読み込んで使うことができる

CHAPTER 9　部品を共同利用する - モジュール

練習問題

9-1

問1 モジュールChocolateChipを定義して、あわせてインスタンスメソッドchocolate_chipを定義してください。chocolate_chipメソッドの中では@name += "チョコレートチップ"を実行してください。

問2 P.222のmodule3.rbのDrinkクラスに問1で作ったChocolateChipモジュールをインクルードしてください。Drink.new("モカ")で作ったオブジェクトでchocolate_chipメソッドを呼び出し、その後@nameを表示してください。

9-2

問3 モジュールEspressoShotを定義して、定数Priceに100を代入してください。その定数Priceを表示してください。

9-3

問4 P.228のmodule_method.rbを書き換え、モジュールWhippedCreamの定義を別ファイルに保存して、requitre_relativeを使って読み込み、WhippedCreamモジュールのクラスメソッドinfoを呼び出してください。

CHAPTER 10

Webアプリをつくる

「何か大きな声で言おう！もしかしたら彼が例で使うかもしれない！」
「たとえば？ "chunky bacon"とか？」
「Chunky bacon!!」
「Chunky bacon!!」
　　　　　　　　　　　── _whyの（感動的）rubyガイド 第3章より

　この章では、いろいろなプログラムで共有して使える便利な部品の使い方を学びます。そしてその部品を使って、Webアプリをつくり、そこへアクセスするプログラムを書いてみましょう。この章を読み終わると、ネットで公開されているたくさんの道具を使うことができるようになり、書けるプログラムの範囲を大きく広げることができるでしょう。

1	ライブラリを使う	P.236
2	かんたんなWebアプリを作る	P.243
3	Webへアクセスするプログラムを作る	P.250

CHAPTER 10　Webアプリをつくる

10-1　ライブラリを使う

いろいろなプログラムで共有して使える便利なプログラムをライブラリと呼びます。この節ではライブラリの使い方と、便利な管理の方法を説明します。

Gemとは

　いろいろなプログラムで共有して使うプログラムのことをライブラリと呼びます。Rubyの世界では大きく分けて3つのライブラリがあります。1つ目は何も準備せずに使える「組み込みライブラリ」、たとえば、これまでによく使ってきた`Integer`、`String`、`Array`、`Hash`といったクラスたちです。2つ目は使う前に`require`メソッドを実行して準備する「標準添付ライブラリ」、たとえば、このあとP.251以降で出てくる`JSON`といったクラスです。3つ目は使う前にインストールが必要なGemと呼ばれるライブラリです。ここではGemについて説明していきます。
　Gemは rubygems.org というサイトで利用可能な形で公開されていて、10万を越えるGemが登録されています。それぞれのGemを使うことで、提供している機能を自分のプログラムで使うことができます。

Gemの使い方

　ここでは例として、`awesome_print`というGemを使ってみましょう。このGemは、`p`メソッドをより見やすい形で表示する`ap`メソッドを提供します。Gemを使うためには、まずコマンドプロンプトで`gem install`コマンドにつづいてGem名を指定してインストールします。`install`は頭文字だけにして`gem i`でも実行できます。`awesome_print`の場合は、`gem install awesome_print`となります。また、このコマンドの実行時にはネットワークへ接続が必要で、少し時間がかかります。

- **Gemのインストール**

```
gem install Gem名
```

236

```
gem install awesome_print ⏎
Fetching: awesome_print-1.8.0.gem (100%)
Successfully installed awesome_print-1.8.0
Parsing documentation for awesome_print-1.8.0
Installing ri documentation for awesome_print-1.8.0
Done installing documentation for awesome_print after 2 seconds
1 gem installed
```

コマンドを実行すると、このような表示が出てGemがインストールされます。Gem名の後ろにハイフンで続く数字はバージョン番号です。実行したときの最新バージョンのGemがインストールされるため、バージョン番号は異なることもあります。

`gem install`コマンドでインストールするのは、1回だけで大丈夫です。プログラムを実行するごとにインストールする必要はありません（そして過去にインストール済みのGemをインストールしても問題ないです）。インストールされたGemとそのバージョンは、コマンドプロンプトで`gem list`コマンドを実行すると確認することができます。

なお、Macなどで`ERROR: While executing gem ... (Gem::FilePermissionError) You don't have write permissions for ...`というエラーとなることがあります。そのときは`sudo gem install awesome_print`と先頭に`sudo`を加えて実行してください。

インストールしたGemは通常、プログラムの中で`require`メソッドを実行することで利用可能になります。awesome_printの場合は`require "awesome_print"`を実行すると、それ以降で`ap`メソッドを利用できるようになります。

● ap.rb

```
1: require "awesome_print"     ──❶ awesome_print gemを読み込み
2: ap ["カフェラテ", "モカ", "コーヒー"]   ──❷
```

```
ruby ap.rb ⏎
[
    [0] "カフェラテ",
    [1] "モカ",
    [2] "コーヒー"
]
```

❶の`require "awesome_print"`でawesome_print Gemを読み込みます。これは標準添付ライブラリのときと同様です。❷で`ap`メソッドを呼び出しています。`ap`メソッドの使い方は`p`メソッドと同様です。引数に渡したオブジェクトを見やすい形で表示します。配列が要素ごとに見やすく表示されていますね。

Gemの使い方はGemごとに異なるため、Gem名で検索してドキュメントを読んでみてください。GitHubのページが用意されていることが多いです。

COLUMN

たくさんのGemがある

さまざまなGemが公開されています。たとえば、有名なRailsもWebアプリをかんたんに作るためのライブラリ群で、複数のGemに整理されて公開されています。ほか、軽量なWebアプリを作るためのライブラリSinatra（P.243参照）や表示を見やすくしたirbの後発プログラムであるpryなど、たくさんのGemが公開されています。

 ## Bundlerとは

Gemは`gem install`コマンドでかんたんにインストールすることが可能ですが、この方法でたくさんのGemをインストールしようとすると、使うGemの数だけコマンドを打たなくてはいけません。それは大変なので、複数のGemをかんたんに管理するBundlerという仕組みが用意されています。

BundlerでGem群をインストールするには3つの手順を踏みます。Bundlerのインストール、`Gemfile`の作成、`bundle install`コマンドの実行です。順に見ていきましょう。

 ## Bundlerをインストールする

最初はBundlerをインストールします。BundlerもGemとして公開されています。

```
gem install bundler ⏎
Fetching: bundler-1.16.6.gem (100%)
Successfully installed bundler-1.16.6
Parsing documentation for bundler-1.16.6
Installing ri documentation for bundler-1.16.6
Done installing documentation for bundler after 21 seconds
1 gem installed
```

※バージョン番号などは異なる場合があります。

NOTE

Bundlerはよく使われるため、将来のRubyに標準で添付されてRubyと一緒にインストールされるよう検討されています。すでにインストールされているかを確認するには、コマンドプロンプトで`bundle -v`コマンドを実行して、バージョンが表示されれば、インストール済みです。または`gem list`コマンドでも確認できます。`gem list`コマンドの結果の中にbundlerが入っていればインストール済みです。

Gemfileにインストールする Gemを書く

　手順の2番目は、`Gemfile`という名前のファイルに使用するGemを書くことです。`Gemfile`はBundlerを使ってインストールするGemのリストを書くファイルです。`Gemfile`は`bundle init`コマンドでひな形を作成し、そのファイルに使いたいGem名を追記します。仕組みの名前はBundlerですが、コマンド名は`bundle`と最後にrが付かない点に注意です。

> 　将来のバージョンで、`Gemfile`のファイル名を`gems.rb`に変更する検討が行われています。その場合も、しばらくは新旧どちらのファイル名も利用できる移行期間が設けられると思われます。なお、現在利用できるBundler1.16では、`Gemfile`に加えて`gems.rb`も既に利用可能となっています。

```
bundle init ⏎
Writing new Gemfile to C:/Users/[ユーザー名]/rubybook/Gemfile
```

※toの後ろのパスは環境により異なります。

　`C:/Users/[ユーザー名]/rubybook/Gemfile`の部分は`Gemfile`ができた場所で、みなさんがコマンドを実行したフォルダになります。できあがった`Gemfile`をエディターで開いてみましょう。

● Gemfile

```
1: # frozen_string_literal: true
2:
3: source "https://rubygems.org"
4:
5: git_source(:github) {|repo_name| "https://github.com/#{repo_name}" }
6:
7: # gem "rails"
```

　例として、pryというGemを`Gemfile`に追記してみましょう。pryはirbの後発プログラムで、表示が見やすく、多くの機能を持っています。`Gemfile`の最後の行に使いたいGemを追記します。`# gem "rails"`は例として記載されているコメントなので、削除しても大丈夫です。
　以下のように編集します。

● Gemfile

```
1: # frozen_string_literal: true
2:
```

```
3: source "https://rubygems.org"
4:
5: git_source(:github) {|repo_name| "https://github.com/#{repo_name}" }
6:
7: gem "pry"          ――― この行を追加
```

これでGemfileはできあがりです。

 ## bundle installコマンドでインストールする

手順の3番目は`bundle install`コマンドを実行することです。Gemfileと同じフォルダへ移動して`bundle install`コマンドを実行します。または、省略して`bundle i`、または`bundle`とも書けます。このコマンドの実行時にはネットワークへ接続が必要なため、少し時間がかかります。

```
bundle install ⏎
Fetching gem metadata from https://rubygems.org/.........
Resolving dependencies...
Using bundler 1.16.6
Fetching coderay 1.1.2
Installing coderay 1.1.2
Fetching method_source 0.9.0
Installing method_source 0.9.0
Fetching pry 0.11.3
Installing pry 0.11.3
Bundle complete! 1 Gemfile dependency, 4 gems now installed.
Use `bundle info [gemname]` to see where a bundled gem is installed.
```

バージョン番号などが異なることがあります。また、インストール済みのGemがあると表示が変わりますが、問題はありません。

これでpry Gemがインストールされ、使う準備ができました。`gem install pry`を実行したことと同じことになります。コマンドプロンプトから`pry`コマンドを実行すると、irbのような表示がされ、入力したRubyのプログラムを1行ずつ実行することができます。pryを終了させるには、irbと同じく、`exit`と打ちます。

`bundle install`コマンドを実行すると、`Gemfile.lock`というファイルが作成されます。`Gemfile.lock`には、使われているGem名とそのバージョン情報などが記録されています。`Gemfile.lock`は自動で作られるものなので、編集する必要はありません。`Gemfile`と`Gemfile.lock`の2つのファイルはセットで使われるので、プログラムのファイル一式をバックアップするときなどには、`Gemfile`と`Gemfile.lock`の両方を保管してください。

2つのファイルを例え話で説明すると、`Gemfile`はGemをインストールするための発注書で

す。`Gemfile`に使いたいGem名を書いて、`bundle install`コマンドを実行すると、発注書に従ってGemがインストールされます。`Gemfile.lock`は納品書です。発注書に基づいて実際にインストールされたGemとそのバージョン情報などが書かれています。

公開されているRubyで書かれたプログラムに`Gemfile`が添えられていたときには`bundle install`コマンドを実行してからプログラムを実行してみましょう。多くの場合、ドキュメントでその旨が書かれていますが、慣れている人にとっては当たり前の動作でもあるので、ドキュメントで省略されている場合もときどきあります。

pry

pryには2つの使い方があり、どちらもirbと同様です。1つ目は対話型でコマンドプロンプトからpryコマンドで実行する方法。2つ目はプログラム中で`require "pry"`と`binding.pry`の2行を書いて、そこで一時停止して、入力したプログラムを実行する方法です。P.61～63のirbについての説明を参考に使ってみてください。

bundle updateコマンドでGemをバージョンアップする

`Gemfile`に書かれているGemに新しいバージョンがリリースされたときは、`bundle update`コマンドを使うことで新しいバージョンのGemをインストールできます。`bundle update`コマンドを実行すると、`Gemfile.lock`が更新され、新たにインストールしたバージョンが書き込まれます。

```
bundle update ⏎
```

また、`bundle update`コマンドのあとにGem名を指定することで、そのGemと、そのGemが依存している（使っている）Gemをまとめてバージョンアップすることもできます。

bundle execコマンドで指定したバージョンのGemを使う

新しいバージョンのGemをインストールしたとき、古いバージョンのGemはアンインストールされないため、同じGemの複数のバージョンがインストールされた状態になります。通常は新しいバージョンが利用され、それで問題がないケースが多いのですが、`Gemfile.lock`に書かれたバージョンのGemを使って実行したいケースがときどきあります。

そのような場合は、`bundle exec`コマンドを使うことで`Gemfile.lock`に書かれたGemバージョンでRubyのプログラムを実行することができます。`ruby`コマンドを実行するときに、その前に`bundle exec`を書きます。

```
bundle exec ruby example.rb ⏎
```

CHAPTER 10　Webアプリをつくる

まとめ

- Rubyでは、組み込みライブラリ、標準添付ライブラリ、Gemの3種類のライブラリがある
- `gem install Gem名`でGemをインストールできる
- 複数のGemをかんたんに管理するBundlerが提供されている
- Bundlerは`Gemfile`という名のファイルに使うGem名を記述する
- `bundle install`コマンドを実行すると`Gemfile`に書かれたGemがインストールされ、`Gemfile.lock`ができる
- `Gemfile.lock`にはインストールされたGemとそのバージョンなどが書かれる
- `bundle update`コマンドを使うと利用中のGemの新しいバージョンがあればインストールされる
- `bundle exec`コマンドを使うと`Gemfile`や`Gemfile.lock`に書かれたGemバージョンでRubyのプログラムを実行する

10-2 かんたんなWebアプリを作る

クックパッドのような、ブラウザで使うWebアプリは私たちの生活で使う場面も多いでしょう。RubyにはWebアプリをかんたんに作ることができるGemであるSinatraがあります。これを使ってかんたんなWebアプリを作ってみましょう。

Webアプリとは

Webアプリとは「ブラウザから利用できるアプリ」のことです。HTML（ブラウザで表示するための言語）とCSS（ブラウザでの表示を装飾するための言語）に加えて、Rubyのプログラムを実行することで、状況に応じて表示を変えるWebページを作ることが可能になります。

sinatra Gem を使ってWebアプリを作る

実際にWebアプリを作って動かしてみましょう。Webアプリを簡単に作ることができるSinatraというライブラリがあるので、これを利用します。手順としては前の節のGemの使い方に沿って行います。Gemをインストールし、`require`メソッドで読み込み、Sinatraが提供しているメソッドを呼び出します。

最初にsinatra Gemをインストールします。

```
gem install sinatra ⏎
Fetching: rack-protection-2.0.4.gem (100%)
Successfully installed rack-protection-2.0.4
Fetching: sinatra-2.0.4.gem (100%)
Successfully installed sinatra-2.0.4
Parsing documentation for rack-protection-2.0.4
Installing ri documentation for rack-protection-2.0.4
Parsing documentation for sinatra-2.0.4
Installing ri documentation for sinatra-2.0.4
Successfully installed sinatra-2.0.4
...
```

CHAPTER 10　Webアプリをつくる

※バージョン番号などが異なる場合もあります。

つづいて次のプログラムを書いて実行してみてください。

● **sinatra_hi.rb**

```
1: require "sinatra"          ——❶ sinatra を読み込み
2: get "/hi" do               ——❷ /hi へアクセスされたときの処理をブロックで書く
3:   "hi!"                    ——❸ ブロックの最後の結果をブラウザで表示する
4: end
```

```
ruby sinatra_hi.rb -p 4567 ⏎
[2018-05-28 18:23:27] INFO  WEBrick 1.4.2
[2018-05-28 18:23:27] INFO  ruby 2.5.1 (2018-03-29) [x64-mingw32]
== Sinatra (v2.0.1) has taken the stage on 4567 for development with
backup from WEBrick
[2018-05-28 18:23:27] INFO  WEBrick::HTTPServer#start: pid=4016
port=4567
```

※表示が異なる場合もあります。

　❶の`require`メソッドで最初にsinatraを読み込みます。❷の`get`メソッドはsinatraが用意しているメソッドです。`get "/hi"`と書くと、ブラウザからパス（URLの後半の部分で、詳しくは後ろで説明します）/hiへアクセスされたときの処理を続くブロックで書くことができます。`get`メソッドの引数（ここでは`"/hi"`）でパスを指定して、つづくブロックの最後の結果（ここでは`"hi!"`）をブラウザで表示します。より詳しい動作については、P.247の「Webアプリの基本動作」も参考にしてください。

　実行コマンドは、ファイル名につづけて`-p 4567`を加えてください。コマンドプロンプトで実行して、上記のような表示がされたら、ブラウザから`http://localhost:4567/hi`へアクセスします。`hi!`と表示されれば成功です。

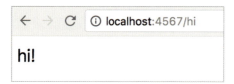

　このプログラムは今までのプログラムと違い、実行すると終了せずに動き続け、その間はコマンドプロンプトでキーボード入力を受け付けません。別のコマンドを実行したい場合はプログラムを終了させます。Ctrlキーを押しながらCキーを押すことでプログラムを終了できます（これは、ほかのプログラムを実行している場合にも共通の操作です）。

　そして、うまく動いた場合は上のように表示されますが、うまく動かなかった場合のパターンもいくつか見てみましょう。

　もしも次のような画面が表示された場合は、Sinatraは動作していますが、アクセス先のパス

が違う状態です。URLの`/hi`の部分（パスと呼びます）が正しいか、また、プログラムの`get "/hi" do`の部分が正しいかを確認してみてください。プログラムを修正した場合は、Ctrlキーを押しながらCキーを押すことでプログラムを一度終了して、もう一度起動してください。

　次のような画面が表示された場合は、Sinatraが動作していない状態です。URLと実行コマンドの`4567`の数字（ポートと呼びます）が揃っていない可能性があります。または、プログラムにバグがあり`ruby`コマンドを実行したものの終了してしまっている可能性があります。プログラムが終了してしまっている場合は、コマンドプロンプトにエラーメッセージが表示されているはずです。

Webアプリの中でRubyプログラムを実行する

　さきほどのプログラムでは`"hi!"`という決められた結果を毎回表示していましたが、次はRubyのプログラムを使って、表示される結果が毎回変わるプログラムを書いてみましょう。題材として、3種類のドリンクから1つをランダムで表示するプログラムを書いてみましょう。次のプログラムを書いて、コマンドプロンプトから実行し、ブラウザで`http://localhost:4567/drink`へアクセスしてみてください。

● sinatra_drink.rb

```
1: require "sinatra"
2: get "/drink" do ────❶
3:   ["カフェラテ", "モカ", "コーヒー"].sample ────❷
4: end
```

```
ruby sinatra_drink.rb -p 4567 ⏎
[2018-05-28 18:26:43] INFO  WEBrick 1.4.2
[2018-05-28 18:26:43] INFO  ruby 2.5.1 (2018-03-29) [x64-mingw32]
== Sinatra (v2.0.1) has taken the stage on 4567 for development with backup from WEBrick
[2018-05-28 18:26:43] INFO  WEBrick::HTTPServer#start: pid=8468 port=4567
```

※表示が異なる場合もあります。

❶で、getメソッドに"/drink"を引数で渡し、リクエストのパスが"/drink"のときの処理をブロックで書きます。❷の["カフェラテ", "モカ", "コーヒー"].sampleは配列の要素いずれか1つをランダムで返します。

ブラウザでアクセスされるたびにこのプログラムが実行され、ランダムに選ばれたドリンク1つが表示されます。ブラウザのリロードボタンを何回か押して、表示するたびに結果が変わることを確かめてください。HTMLだけで作ったページと異なり、プログラムを実行した結果を返すことで複雑な処理も行うことができます。

COLUMN

Ruby on Rails

有名なRuby on Railsは、Rubyを世界的に有名にしたWebアプリづくりの道具です。現在、Rubyを使う用途として多数を占めています。Ruby on Railsは強力で便利な道具ですが、ここではよりかんたんに1ファイルで動作させられるSinatraを利用しています。

 URLを理解する

URLについてかんたんに説明します。URLは例えば次のような構成になっています。

● スキーム（httpの部分）

スキームの部分には一般にプロトコルを書きます。プロトコルとは、やりとりの手順を取り決

めたものです。ブラウザでよく使うプロトコルはHTTPとHTTPSです（スキームとしては、**http**や**https**と小文字で書くのが普通です）。HTTPはWebの基本となるプロトコルで、ブラウザからWebアプリへアクセスするときに使われています。HTTPSは安全に通信するために、HTTPに暗号化などの仕組みをいれたものです。スキームとそれ以降は`://`で区切られます。

●ホスト名（localhostの部分）

`://`から後ろ、2つ目の`:`の前まではホスト名です。たとえば**cookpad.com**や**amazon.co.jp**など、Web上の住所にあたるものです。`localhost`は特別なホスト名で、「自分自身のマシン」を指すものです。今回はみなさんのパソコンを指しています。

●ポート番号（4567の部分）

2つ目の`:`の後ろ、`/`の前まではポート番号です。ポートとは、同じマシンの中で複数の相手と通信をするための仕組みです。今回は、4567番ポートで通信を待ち受けるようにプログラムを起動しているので、ブラウザからも4567番ポートへアクセスするように指示をしています。ほかのプログラムで使われていない番号であれば、別の番号でやりとりをすることもできます。ポート番号は「駅の○番線ホーム」の考え方と似ています。たとえば山手線に乗りたければ2番線ホーム、総武線であれば4番線ホームといったように1つの駅で複数の路線に乗ることができます。

しかし、普通にブラウザを使ってWebを見る場面でポート番号を指定することはほとんどありません。たとえば`https://gihyo.jp`のようにポート番号が省略されると、定められているポート番号である443や80が使われ、それでアクセスできるように作られているためです。

●パス（/drinkの部分）

パスはホストの中でのページ名です。違う情報を載せたいページを作るときは、パスを新たに定めて新しいページを作ります。

Webアプリの基本動作

Webアプリがブラウザからアクセスされて画面を表示するまでには、どのようなことが行われているのでしょうか？　分解すると、次の3つのプロセスを経ています。順に見てみましょう。

- ブラウザがリクエストをサーバへ投げる
- Webアプリがリクエストに対応したレスポンスを返す
- ブラウザがレスポンスで返ってきたHTMLを解釈して表示する

ブラウザがリクエストをサーバへ投げる

ブラウザのアドレス入力欄にURLを入力して Enter キーを押すと、「リクエスト」がURLで示されるWebサーバ（Webアプリが動いているマシン）へ向けて飛んでいきます。たとえば`https://gihyo.jp`と入力した場合は、技術評論社のサーバへ向けてリクエストが飛んでい

きます。今回の`http://localhost:4567/drink`では、localhost（自分のマシン）の4567番ポートへ向けてリクエストが飛んでいます。

リクエストは「あるURLのページを見たいという要求（リクエスト）」と言えます。より詳しく言うと、「ページを見たい」というリクエストにはGETメソッドという名前がついています。

このメソッドはRubyでのメソッドではなく、HTTPでのメソッドです。ブラウザにURLを入力してページを表示をしようとするときには、`HTTP GET`メソッドであるリクエストが飛んでいます。

ここでのリクエストの主要な情報は、URLと、`HTTP GET`メソッドであることです。

 ## Webアプリがリクエストに対応したレスポンスを返す

Webアプリはブラウザからリクエストを受け取ると、「レスポンス」としてHTMLを作ってブラウザへ返します。HTML (Hypertext Markup Language) は、Webページを記述するための言語です。Sinatraは、Rubyのプログラムを実行して、実行結果を含んだHTMLを作ります。

リクエストを受け取ったWebアプリは、リクエストの情報であるGETメソッドとパス`"/drink"`から、対応する処理を実行してHTMLを作り、それを含めたレスポンスを作って返します。Sinatraはリクエストの情報（`HTTP GET`メソッドとパス`"/drink"`です。このGETメソッドはHTTPのメソッドです）に対応する処理として、`get "/drink" do ～ end`（この`get`メソッドはRubyのメソッドです）を呼び出します。

レスポンスは「Webアプリが返す情報」と言えます。ここでのレスポンスの主要な情報はHTMLです。ブラウザからアクセスされたときにはHTMLを返すことが多いですが、たとえばスマートフォンアプリへのレスポンスではJSONと呼ばれる形式を返すこともあります。

 ## ブラウザがレスポンスで返ってきたHTMLを解釈して表示する

ブラウザはレスポンスとしてHTMLを受け取ると、それを解釈して、私たちが見ることができるWebページを表示します。

解釈する前のHTMLをブラウザで表示させることもできます。Chromeの場合は、Webページ（たとえば`https://gihyo.jp`）へアクセスしたあと、右クリックメニューから「ページのソースを表示」を選びます。

さきほど書いた`sinatra_drink.rb`で、この3つのプロセスをイメージ図にすると以下のようになります。

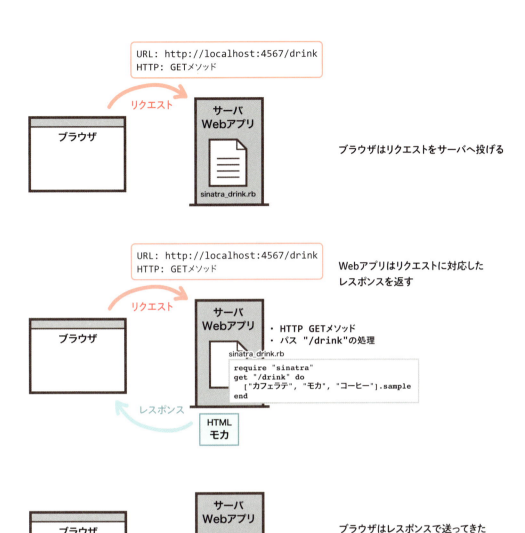

- sinatra Gemを使うとWebアプリをかんたんにつくることができる
- ブラウザはリクエストをサーバへ投げる
- Webアプリはリクエストに対応したHTMLをつくり、レスポンスとして返す
- ブラウザはレスポンスで返ってきたHTMLを解釈して表示する

CHAPTER 10　Webアプリをつくる

10-3 Webへアクセスする プログラムを作る

> 前の節ではWebアプリの作り方を学びました。次は、ブラウザ側を作ってみます。ブラウザの通信機能の部分に相当するプログラムを書いて、Webへアクセスしてみましょう。

Webページへアクセスして HTML を取得する

　普段はブラウザでアクセスしているWebページへ、プログラムを書いてアクセスしてみましょう。前の節で見てきたように、Webページへアクセスするためには HTTP または HTTPS を使います。Ruby が用意している net/http ライブラリを使って、指定した URL へ HTTP や HTTPS でアクセスしてみます。ネットに接続している状態で、次のプログラムを実行してください。

● get.rb

```
1: require "net/http"        ─①
2: require "uri"             ─②
3: uri = URI.parse("https://example.com/")    ─③
4: puts Net::HTTP.get(uri)   ─④
```

```
ruby get.rb ⏎
<!doctype html>
<html>
<head>
    <title>Example Domain</title>
(省略)
<body>
<div>
    <h1>Example Domain</h1>
    <p>This domain is established to be used for illustrative examples in documents. You may use this
    domain in examples without prior coordination or asking for permission.</p>
    <p><a href="http://www.iana.org/domains/example">More
```

250

```
information...</a></p>
</div>
</body>
</html>
```

❶のrequire "net/http"で標準添付ライブラリnet/httpを読み込みます。これで❹でNet::HTTPクラスを使えるようになります。::は前に出てきた名前空間の指定で、NetモジュールのなかにあるHTTPクラスを指しています。❷のrequire "uri"で標準添付ライブラリuriを読み込みます。これで❸でURIモジュールを使えるようになります。

❸のURI.parseメソッドにURLを文字列で渡すことで、URIオブジェクト（正確にはURI::HTTPSオブジェクト）を作っています。URIとURLは、ここでは同じものと考えて差し支えありません。ここでできたオブジェクトは、とあるURI（ここでは"https://example.com/"）を扱うオブジェクトです。ちなみに、アクセス先の https://example.com/ は、IANA（Internet Assigned Numbers Authority、インターネットに関連する資源を管理する組織）が例として用意しているURLです。

❹のNet::HTTP.getメソッドに❸で作ったURIオブジェクトを渡すと、URIオブジェクトが示す先のWebサーバ（ここでは"https://example.com/"）へHTTP GETメソッドでリクエストを送ります。Webサーバが返したレスポンスHTMLが戻り値となり、pメソッドで表示されています。

ブラウザで同じURLへアクセスして、結果を見くらべてみてください。ブラウザの機能で、「HTMLソースを表示する」がある場合は、Rubyプログラムで取得した結果と同様の内容が表示されます。

ページの内容を利用したい場合は、得られた文字列をnokogiri Gemなどのxmlパーサーと呼ばれる道具を使うと便利です。詳しくはnokogiriのドキュメントを参照してください。

 Webページへアクセスして JSON を取得する

さきほどのプログラムで取得したHTMLは、ブラウザで見ることが主目的であるため、HTMLデータの中から目当てのデータを取得する用途には向いていません。データをやりとりすることを目的とした別の形式として、JSONがあります。ここでは、Web上のJSON形式のデータへアクセスして、中のデータを取得してみましょう。

● json1.rb

```
1: require "net/http"        ─❶
2: require "uri"             ─❷
3: uri = URI.parse("https://igarashikuniaki.net/example.json")  ─❸
4: p result = Net::HTTP.get(uri)   ─❹
```

ruby json1.rb ⏎
"{¥"caffe latte¥":400}¥n"

先ほどの`get.rb`とほぼ同じ構成のプログラムで、違うのは❸のURLの部分だけです。URLは https://igarashikuniaki.net/example.json です。このURLは著者のページです。

`Net::HTTP.get`で取得したものはJSON形式の文字列です。今回のリクエスト先はHTMLではなく、JSONを返しています。JSONはRubyのハッシュと似た書式です。標準添付ライブラリjsonを使うとハッシュへ変換することができます。書き換えたプログラムは以下です。

- **json2.rb**

```
1: require "net/http"
2: require "uri"
3: require "json"            ❶ JSONライブラリをロード
4: uri = URI.parse("https://igarashikuniaki.net/example.json")
5: result = Net::HTTP.get(uri)
6: hash = JSON.parse(result)  ❷ resultをJSONからハッシュへ変換
7: p hash
8: p hash["caffe latte"]      ❸
```

```
ruby json2.rb ⏎
{"caffe latte"=>400}
400
```

❶で標準添付ライブラリjsonを読み込んでいます。これで❷のJSONモジュールが使えるようになります。`JSON.parse`メソッドは、引数で渡したJSONである文字列を、ハッシュへと変換するメソッドです。ハッシュに変換すれば、Rubyのプログラムの中でかんたんに扱うことができるようになります。❸はハッシュの章でもよく出てきた、ハッシュのキーから値を取得する書き方ですね。

JSONへ変換

先ほどはJSONからハッシュへの変換を行いました。その逆である、ハッシュからJSONへの変換も可能です。ハッシュに対して`to_json`メソッドを呼ぶことでJSONへ変換することができます。

- **to_json.rb**

```
1: require "json"           ❶
2: p({mocha: 400}.to_json)  ❷
```

```
ruby to_json.rb ⏎
"{¥"mocha¥":400}"
```

❶で標準添付ライブラリであるjsonを読み込みます。❷でハッシュ`{mocha: 400}`へ`to_json`メソッドを呼び出して、JSON形式へ変換します。また、ここで`p`の引数を渡すときに、`()`を省略すると意図通りに解釈されずにエラーとなるので、`()`で囲んでいます。

JSONへ変換することで、たとえばHTTPリクエストするときに利用することもできます。このあとで説明します。

WebページへHTTP POSTメソッドでリクエストをする　Challenge

これまで見てきた、ブラウザでWebページへリクエストするときや、リクエストするプログラムでは、HTTP GETメソッドを使っていました。これは、リクエスト先の状態を変えないときに使います。このほか、リクエスト先の状態を変えるときに使う、HTTP POSTメソッドもあります。たとえば、住所を登録するケースで、入力フォームに情報を入れて登録ボタンを押したときに使われます。HTTP POSTリクエストを行うプログラムは次のようになります。

● post.rb

```
1: require "net/http"
2: require "uri"
3: require "json"
4: uri = URI("https://www.example.com") ────❶
5: result = Net::HTTP.post(uri, {mocha: 400}.to_json, "Content-Type"
   => "application/json") ────❷
6: p result
```

```
ruby post.rb ⏎
#<Net::HTTPOK 200 OK readbody=true>
```

必要な標準添付ライブラリを読み込み、❶でリクエスト先として先ほどと同じ`https://www.example.com`を指定したURIオブジェクトを作ります。❷で`Net::HTTP.post`メソッドを呼び出してHTTP POSTリクエストを行っています。HTTP POSTメソッドはたとえば住所の登録などで使うので、リクエストとしてデータを送ることが多いです。ここで、引数の`uri`はリクエスト先、`{mocha: 400}.to_json`は送るJSON形式データ、`"Content-Type" => "application/json"`は送るデータの形式としてJSONを指定しています。

なお、`Net::HTTP.post`メソッドはRuby 2.4で追加されました。Ruby 2.3以前では以下のようなプログラムになります。

● post_2_3.rb

```
1: require "net/https"
2: require "uri"
3: require "json"
4:
5: uri = URI("https://www.example.com")
6: request = Net::HTTP::Post.new(uri.request_uri, "Content-Type" =>
   "application/json") ────❶
7: request.body = {mocha: 400}.to_json ────❷
8:
```

CHAPTER 10　Webアプリをつくる

```
 9:  https_session = Net::HTTP.new(uri.host, uri.port) ———❸
10:  https_session.use_ssl = true ———❹
11:  response = https_session.start do |session| ———❺
12:    session.request(request) ———❻
13:  end
14:  p response
```

```
ruby post_2_3.rb ⏎
#<Net::HTTPOK 200 OK readbody=true>
```

❶でNet::HTTP::Postオブジェクトを作り、❷で送るデータをセットします。❸でNet::HTTPオブジェクトを作り、❹でHTTPSでのアクセスするように指定します。❺でNet::HTTPオブジェクトでの通信を始める準備をし、ブロック中の❻でHTTP POSTリクエストをします。

- Net::HTTPクラスとURIモジュールを使うとHTTPリクエストを投げることができる
- JSONモジュールを使うとJSONとハッシュとを変換できる

10-2

問1 sinatra を使っておみくじを引く Web アプリを作ってください。出てくるのは、大吉、中吉、末吉、凶とします。

10-3

問2 P.244で書いた `sinatra_hi.rb` へHTTPアクセスするプログラムを書いてください。
問3 P.246で書いた `sinatra_drink.rb` へHTTPアクセスするプログラムを書いてください。結果が "¥xE3¥x81¥x82" といった形式になるときは、次のプログラムで読める形へ変換してください。

```
1:  require "cgi"
2:  p CGI.unescape("¥xE3¥x81¥x82") #=> "あ"
```

CHAPTER 11

使いこなす

　そして雑草があなたとあなたのマシンを覆い、部屋があなたの上に落ちかかろうとするとき、あなたはスクリプトを書き終えるだろう。あなたとマシンは一緒にその最新のRubyスクリプトを、あなたが取りつかれていた製品を走らせる。
　　　　　　　　── _whyの（感動的）rubyガイド 第3章より

　ここまで読み進めてきたみなさんはかなりのRuby力を獲得してきました。ここではさらに理解を深めて力をつけるための題材を揃えました。

1	例外処理	P.256
2	クラスの高度な話	P.266
3	文字列を調べる - 正規表現	P.271
4	ブロックの高度な話	P.275
5	Mac環境へ最新のRubyをインストールする	P.278

CHAPTER 11　使いこなす

11-1　例外処理

Rubyには例外処理と呼ばれる仕組みがあります。想定通り処理が進まなかったときや、エラーが起きたときなど、例外的な処理を書くときに使います。正常な処理と、例外的な処理とを分けて書くことで、プログラムを読みやすく書くことができます。

 例外とは

プログラムの実行時に、想定外の問題が起こることがあります。割り勘を計算するプログラムを例に説明します。以下のプログラムは入力した金額と割り勘人数から1人あたりの金額を計算します。`gets`はキーボード（標準入力）からの入力を取り込むメソッドで、`to_i`は文字列を整数に変換するメソッドです。

- warikan1.rb

```
1:  puts "金額を入力してください"
2:  bill = gets.to_i
3:  puts "割り勘する人数を入力してください"
4:  number = gets.to_i
5:
6:  warikan = bill / number
7:  puts "1人あたり#{warikan}円です"
```

NOTE

この割り勘プログラムは説明のために処理を単純化しています。端数を切り捨てているため、100円を3人で割り勘すると、1人33円となり幹事が割り勘負けしてしまいます。

このプログラムを実行します。100円を4人で割り勘すると、1人あたり25円になります。

256

```
ruby warikan1.rb ⏎
金額を入力してください
100 ⏎
割り勘する人数を入力してください
4 ⏎
1人あたり25円です
```

次に人数を0人にします。

```
ruby warikan1.rb ⏎
金額を入力してください
100 ⏎
割り勘する人数を入力してください
0 ⏎
Traceback (most recent call last):
        1: from warikan1.rb:6:in `<main>'
warikan1.rb:6:in `/': divided by 0 (ZeroDivisionError)
```

おっと、エラーが出ました。エラーメッセージに`divided by 0`と表示されています。人数を0人にしたので、`100 / 0`の計算をしようとしたのが原因です。想定外の例外が発生すると、Rubyはエラーメッセージを表示してプログラムを停止させます。6行目にある`warikan = bill / number`の処理で例外が発生したため、7行目の`puts`の行は実行されません。

エラーメッセージの最後に書かれている`ZeroDivisionError`は例外の種類を表す例外クラスです。`ZeroDivisionError`は0での割り算を行った時に発生する例外です。他にも、メソッドの引数の数が誤っているときに発生する`ArgumentError`や、変数名を間違ったときに発生する`NameError`など様々な例外クラスがあります。

例外を処理する - rescue

例外は想定外の問題が起きたときに発生します。想定外の問題なので、Rubyはエラーメッセージを表示してプログラムを停止させます。これは無理に処理を続けるよりは、その場でプログラムを止めた方が安全という考え方です。逆に、問題に対処できるのであれば、例外が発生してもプログラムを止めないほうがユーザに親切です。例外を処理するためには`begin`〜`rescue`を使います。`rescue`（レスキュー）は救助するという意味です。まさに問題に対処するイメージですね。例外処理はこのように書きます。

● 例外処理

```
begin
    # 例外が発生する可能性がある処理
rescue 例外クラス
    # 例外が発生したときに実行する処理（rescue節）
end
```

CHAPTER 11　使いこなす

　`begin`から`rescue`の間に例外が発生する可能性がある処理を書き、`rescue`から`end`の間に例外が発生したときに実行する処理を書きます。`rescue`から`end`の間の処理を`rescue`節と言います。`rescue`節は例外が発生したときのみ実行されます。例外が発生しないと、`rescue`節は実行されません。`rescue`の後ろには処理対象とする例外クラス名を書きます。0で割り算したときに発生する`ZeroDivisionError`例外を処理するときは`rescue ZeroDivisionError`と書きます。

　では、先ほどの割り勘プログラムに例外処理を追加しましょう。

● warikan2.rb

```ruby
 1: puts "金額を入力してください"
 2: bill = gets.to_i
 3: puts "割り勘する人数を入力してください"
 4: number = gets.to_i
 5:
 6: begin
 7:   warikan = bill / number
 8:   puts "1人あたり#{warikan}円です"
 9: rescue ZeroDivisionError
10:   # ZeroDivisionError例外が発生したらメッセージを表示する
11:   puts "おっと、0人では割り勘できません"
12: end
```

　0人で割ろうとすると先ほどと同じように`bill / number`の処理で`ZeroDivisionError`例外が発生しますが、今度はエラーメッセージではなく`rescue`節に書いた「おっと、0人では割り勘できません」のメッセージが表示されます。

```
ruby warikan2.rb ⏎
金額を入力してください
100 ⏎
割り勘する人数を入力してください
0 ⏎
おっと、0人では割り勘できません
```

　`rescue`節の処理は例外が発生したときのみ実行されます。例外が発生しないときは、`rescue`節の処理は実行されません。

```
ruby warikan2.rb ⏎
金額を入力してください
100 ⏎
割り勘する人数を入力してください
4 ⏎
1人あたり25円です
```

　このように`rescue`を使って例外処理を書くことで、例外が発生してもプログラムを続行でき

るようになります。

　メソッド内で例外処理を書く場合は、beginとendを省略できます。メソッドの初めからrescueまでの処理で発生した例外を、rescue節で受け取れます。

● warikan3.rb

```
 1: def warikan(bill, number)
 2:   warikan = bill / number
 3:   puts "1人あたり#{warikan}円です"
 4: rescue ZeroDivisionError
 5:   # ZeroDivisionError例外が発生したらメッセージを表示する
 6:   puts "おっと、0人では割り勘できません"
 7: end
 8:
 9: warikan(100, 0)
10: warikan(100, 1)
11: warikan(100, 2)
```

ruby warikan3.rb ⏎
おっと、0人では割り勘できません
1人あたり100円です
1人あたり50円です

Ruby 2.5以降ではブロック内でもbeginとendを省略できます。

● warikan4.rb

```
1: bill = 100
2: numbers = [0, 1, 2]
3:
4: numbers.each do |number|
5:   warikan = bill / number
6:   puts "1人あたり#{warikan}円です"
7: rescue ZeroDivisionError
8:   puts "おっと、0人では割り勘できません"
9: end
```

ruby warikan4.rb ⏎
おっと、0人では割り勘できません
1人あたり100円です
1人あたり50円です

CHAPTER 11　使いこなす

　この節のサンプルプログラムは例外処理の方法を理解するために、意図的に例外を使ったプログラムとしました。本来、例外は「想定外の問題」が発生したときに使うものです。今回のように入力値に0が入ることが想定できるときは、例外処理を使わずに事前に値をチェックする方がより良いプログラムになります。

● warikan5.rb

```
1:  def warikan(bill, number)
2:    # 例外処理を使わずに事前に分母の値をチェックする
3:    if number.zero?
4:      puts "おっと、0人では割り勘できません"
5:      return
6:    end
7:    warikan = bill / number
8:    puts "1人あたり#{warikan}円です"
9:  end
```

　実践的なプログラムでは、ファイルを開けなかったときやネットワークに繋がらなかったときなど、事前に例外が発生するかどうかをチェックできないときに例外処理を使います。

例外の詳しい情報を得る

　発生した例外を画面に表示したり、ログファイルに記録したりするなど、例外の詳しい情報を取得したいことがあります。Rubyでは例外もオブジェクトです。例外オブジェクトを取得することで、例外の詳しい情報を取得できます。具体的には rescue 節の後ろに => e と書くことで、変数 e に例外オブジェクトが代入されます。

● 例外オブジェクトの代入

```
begin
   # 例外が発生する可能性がある処理
rescue 例外クラス => e   # 変数eに例外オブジェクトが代入される
   # 例外が発生したときに実行する処理（rescue節）
end
```

　具体例で説明します。以下のサンプルはファイルの内容を表示するプログラムです。引数で指定したファイルを開き、その内容を表示します。存在しないファイル名を指定した場合には、エラーメッセージを表示します。

● cat.rb

```
1:  def cat(filename)
```

```
 2:    # ファイルの内容を表示する
 3:    File.open(filename) do |file|          ──❶ファイルを開く
 4:      file.each_line {|line| puts line }   ──❷ファイルの内容を表示する
 5:    end  ──❸ファイルを閉じる
 6:  rescue SystemCallError => e  ──❹例外処理：例外オブジェクトを変数eに代入
 7:    puts "--- 例外が発生しました ---"
 8:    puts "例外クラス: #{e.class}"     ──❺
 9:    puts "例外メッセージ: #{e.message}"  ──❻
10:  end
11:
12:  filename = ARGV.first  ──❼コマンドプロンプトの引数を読み込み
13:  cat(filename)
```

● menu.txt

```
1:  カフェラテ
2:  カプチーノ
```

❶でファイルを開きます。ファイル操作には、組み込みライブラリの`File`クラスを使います。`File.open`は引数`filename`で指定したファイルを開き、ファイル操作のための`File`オブジェクトを作って`file`変数に代入します。❷でファイルの内容を表示します。`each_line`は配列の`each`に似たメソッドで、ファイルの先頭から1行ずつ読み込み、繰り返し`line`変数に代入します。読み込んだ各行は、`puts`メソッドで画面に表示します。❸でファイル操作のブロックが終わると、開いたファイルが閉じられます。

❹からが例外処理です。受け取る例外クラスとして`SystemCallError`を指定しています。`SystemCallError`はファイル操作などに失敗したときに発生する例外クラスです。例外クラスの後ろに`=> e`という記述が加わりました。この`e`は変数です。受け取った例外オブジェクトが変数`e`に代入されます。❺の`e.class`で例外オブジェクトのクラス名を表示し、❻の`e.message`で例外のメッセージを表示します。`class`と`message`は、例外クラスで使えるメソッドです。

❼でコマンドプロンプトで指定したファイル名を読み込みます。`ARGV`はRubyが用意した特別な定数で、コマンドプロンプトで指定した引数を要素として持つ配列です。`ARGV.first`で先頭の要素を取得します。

ファイル名を指定してプログラムを実行すると、指定したファイルの内容が表示されます。ここでは`cat.rb`と同じフォルダに`menu.txt`というテキストファイルを用意し、次のコマンドを実行します。

```
ruby cat.rb menu.txt ⏎
カフェラテ
カプチーノ
```

次に、存在しない適当なファイル名を指定して、このプログラムを実行します。ここでは`notfound.txt`を指定しました。存在しないファイルを開こうとしたため、例外が発生します。

rescue節によって、例外クラス名と例外メッセージが表示されます。

```
ruby cat.rb notfound.txt ⏎
--- 例外が発生しました ---
例外クラス: Errno::ENOENT
例外メッセージ: No such file or directory @ rb_sysopen - notfound.txt
```

例外を表すクラス

　先ほどのプログラムではrescue節でSystemCallError例外を指定したのに、実際にはErrno::ENOENT例外を捕捉しています。実はErrno::ENOENTはSystemCallErrorのサブクラスです。rescue節では指定した例外クラスだけでなく、そのサブクラスも補足します。そのため、SystemCallErrorのサブクラスであるErrno::ENOENT例外も捕捉対象となったのです。

　ファイルを開くときは様々な例外が発生します。例えば、アクセス権限がないファイルを開こうとした場合には、Errno::EACCESという例外が発生します。これらの個別の例外を1つずつ指定するのではなく、親クラスのSystemCallError例外を指定することで、関連する例外をまとめて処理できます。

　Rubyの例外クラスは階層構造になっています。例外クラスの一部を図にしました。すべての例外はExceptionクラスを継承しています。StandardErrorクラスは通常のプログラムでよく発生する例外を束ねるクラスです。変数名やメソッド名を間違えたときに発生するNameErrorやNoMethodErrorだけでなく、これまでのサンプルプログラムで使ったSystemCallErrorやZeroDivisionErrorもStandardErrorクラスのサブクラスです。

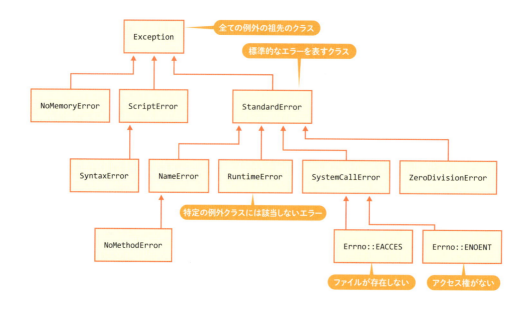

> **NOTE**
>
> 例外クラスの一覧は、リファレンスマニュアルの組み込みライブラリページにある例外クラス欄を参照してください。
> https://docs.ruby-lang.org/ja/2.5.0/library/_builtin.html

`rescue`節では、例外クラス名を省略して書くこともできます。例外クラス名を省略すると、`StandardError`およびそのサブクラスを捕捉します。つまり、`rescue => e`と`rescue StandardError => e`は同じ意味を持ちます。

例外クラス名を省略したときに、`Exception`クラスから派生するすべての例外クラスを捕捉するのではなく、`StandardError`とそのサブクラスのみを捕捉するのには意味があります。`StandardError`に属さない例外は、メモリが足りないときに発生する`NoMemoryError`やプログラムの構文が間違っているときに発生する`SyntaxError`のように、一般的にはプログラムを続行させることが困難な状況で発生します。このような状況では、例外処理でプログラムを継続させるよりも即座にプログラムを停止させる方が安全なため、例外クラス名を省略した`rescue`節でも捕捉されないようになっているのです。

`rescue Exception => e`と書くことで全ての例外を捕捉することができますが、意図しない例外や構文エラーまで受け取ってしまいます。本当に必要かどうかをよく考えて使ってください。このように書く機会はほとんどないでしょう。

例外を発生させる - raiseメソッド

自分で例外を発生させることもできます。例外を発生させるときには`raise`メソッドを使います。引数には例外のメッセージを指定します。メッセージの部分は自由に書くことができます。どんな例外が起きたかをプログラマーが調べるときに使えます。例外クラスで例外の種類を指定し、メッセージに具体的なエラー内容を書くとよいでしょう。

● 例外を発生させる

```
raise "例外メッセージ"
```

以下のプログラムは年齢から成年か未成年かを判定します。年齢がマイナス値の場合は例外を発生させます。なお、20才で成年としています。

● `type1.rb`

```
1: # 年齢から成年か未成年かを判定するメソッド
2: def type(age)
3:   if age < 0
4:     # ageがマイナス値のときは例外を発生させる
```

```
 5:       raise "年齢がマイナスです (#{age}才)"  ──── ❶
 6:     elsif age < 20
 7:       "未成年"
 8:     else
 9:       "成年"
10:     end
11: end
12:
13: # コマンドラインの引数を整数に変換して変数ageに格納する
14: age = ARGV.first.to_i
15: type = type(age)  ──── ❷
16: puts "#{age}才は#{type}です"  ──── ❸
```

年齢をマイナス5才としてこのプログラムを実行すると、❶の`raise`メソッドのところで例外が発生します。どこにも`rescue`節を書いていないので、例外は捕捉されずにプログラムが終了します。❶を呼び出した❷でプログラムが終了したので、❸の`puts`の処理は実行されません。

```
ruby type1.rb -5 ⏎
Traceback (most recent call last):
        1: from type1.rb:15:in `<main>'
type1.rb:5:in `type': 年齢がマイナスです (-5才) (RuntimeError)
```

`raise`メソッドで例外メッセージのみを指定したときは、`RuntimeError`例外が発生します。特定の例外クラスを指定することもできます。例えば、`ScriptError`例外を発生させるときには、以下のように書きます。

● **ScriptError例外を発生させる**

```
raise ScriptError, "致命的なエラーが発生しました"
```

例外の有無に関わらず必ず処理を実行する - ensure

例外処理にはもう1つ、`ensure`という機能があります。`ensure`から`end`の間に書いた内容は、例外の発生有無に関わらず必ず実行されます。

● **ensure**

```
begin
  # 例外が発生する可能性のある処理
rescue => e
  # 例外が発生したときに実行する処理
ensure
  # 例外の発生有無に関わらず実行される処理
end
```

先ほどの成年・未成年判定プログラムを修正し、必ず「ご利用ありがとうございました」と表示するようにしてみましょう。例外処理に`ensure`を記述します。

● **type2.rb**

```ruby
 1: # 年齢から成年か未成年かを判定するメソッド
 2: def type(age)
 3:     # 先ほどと同じのため省略
 4: end
 5:
 6: begin
 7:     # 例外が発生する可能性のある処理
 8:     age = ARGV.first.to_i
 9:     puts "#{age}才は#{type(age)}です"
10: rescue => e
11:     # 例外が発生したときに実行する処理
12:     puts "例外が発生しました: #{e.message}"
13: ensure
14:     # 例外の発生有無に関わらず実行される処理
15:     puts "ご利用ありがとうございました"
16: end
```

年齢が正の整数の場合は例外が発生しないので、`begin`節が実行されたあとに`ensure`節が実行されます。

```
ruby type2.rb 18 ⏎
18才は未成年です
ご利用ありがとうございました
```

年齢がマイナス値の場合は例外が発生します。`rescue`節が実行されたあとに`ensure`節が実行されます。

```
ruby type2.rb -5 ⏎
例外が発生しました: 年齢がマイナスです（-5才）
ご利用ありがとうございました
```

このように、`ensure`を使うことで例外の発生有無に関わらずに特定の処理を実行できます。

- 例外を使うことで正常な処理と例外処理を分けることができる
- 発生した例外は`rescue`節で受け取れる
- `raise`メソッドで例外を発生できる
- 例外の発生有無に関わらず実行したい処理は`ensure`節に書く

CHAPTER 11　使いこなす

11-2 クラスの高度な話

クラスをより使いこなすことができる便利な機能と、クラスの仕組みについて、ここまでの内容に加えてもう少しだけ解説します。

インスタンス変数を簡単に操作する

P.193でインスタンス変数を取得、代入するメソッドの作り方を学びました。これはよく使う機能なので、短い書き方が用意されています。インスタンス変数を取得、代入するプログラムを、まずは前に出てきた書き方で書いてみます。

● `attr1.rb`

```
 1: class Drink
 2:   def name              ──❶
 3:     @name
 4:   end
 5:   def name=(text)       ──❷
 6:     @name = text
 7:   end
 8: end
 9:
10: drink = Drink.new
11: drink.name = "カフェラテ"
12: p drink.name  #=> "カフェラテ"
```

```
ruby attr1.rb ⏎
"カフェラテ"
```

このプログラムの❶のnameメソッドを定義する3行には、次の短い書き方が用意されています。次の3行を、後ろの1行で書くことができます。

```
def name
  @name
end
```

```
attr_reader :name
```

　`attr_reader`は「同名のインスタンス変数を戻り値とするメソッドを定義する」メソッドです。`attr_reader`の後ろに、インスタンス変数から`@`を取り除いた名前をシンボルで書きます。これを使ってプログラムを書き換えると次のようになります。

● attr2.rb

```
 1: class Drink
 2:   attr_reader :name
 3:   def name=(text)      ❷
 4:     @name = text
 5:   end
 6: end
 7:
 8: drink = Drink.new
 9: drink.name = "カフェラテ"
10: p drink.name  #=> "カフェラテ"
```

```
ruby attr2.rb ⏎
"カフェラテ"
```

　そして、❷の`name=`メソッドを定義する3行にも、次の短い書き方が用意されています。次の3行を、後ろの1行で書くことができます。

```
def name=(text)
  @name = text
end
```

```
attr_writer :name
```

　`attr_writer`は「同名のインスタンス変数へ代入するメソッドを定義する」メソッドです。プログラムを書き換えると次のようになります。

● attr3.rb

```
1: class Drink
2:   attr_reader :name
3:   attr_writer :name
4: end
```

```
5:
6: drink = Drink.new
7: drink.name = "カフェラテ"
8: p drink.name  #=> "カフェラテ"
```

ruby attr3.rb ⏎
"カフェラテ"

とても短いプログラムになりました。そしてさらに短くすることができます。attr_readerとattr_writerは今回のようにセットで使うことが多いため、この2つを合体させたattr_accessorメソッドが用意されています。attr_accessorメソッドは、「同名のインスタンス変数を戻り値とするメソッドを定義する」と「同名のインスタンス変数へ代入するメソッドを定義する」の両方を行うメソッドです。次の2行をattr_accessorを使って書き換えると次のようになります。

```
attr_reader :name
attr_writer :name
```

```
attr_accessor :name
```

プログラム全体を書き換えて実行してみましょう。

● attr4.rb

```
1: class Drink
2:   attr_accessor :name
3: end
4:
5: drink = Drink.new
6: drink.name = "カフェラテ"
7: p drink.name  #=> "カフェラテ"
```

ruby attr4.rb ⏎
"カフェラテ"

 self

　何度か登場したselfについてもう少し説明します。selfはその場所でのレシーバを返すものです。レシーバとは、メソッドを呼び出されるオブジェクトでしたね。
　ここでは、selfが返すオブジェクトを観察しみましょう。たとえば、クラスのインスタンスメソッドの中でselfを呼び出すと何のオブジェクトが返るでしょうか？　P.191の内容を思い出してみてください。

11-2 クラスの高度な話

● self1.rb

```
1: class Drink
2:   def me  # インスタンスメソッド
3:     p self.object_id  #=> 70315241784900  ────❹
4:   end
5:
6: end
7: drink = Drink.new  ────❶
8: p drink.object_id  #=> 70315241784900  ────❷
9: drink.me  ────❸ レシーバdrinkに対してmeメソッドを呼び出し
```

❶で作ったDrinkクラスのオブジェクトを、❷でobject_idメソッドを呼び出してオブジェクトの識別番号を表示しています。object_idはプログラムを実行するたびに別の値になります。object_idについては、P.128 にも説明があります。

❹がselfのobject_idを調べた結果です。❷と❹のobject_idが一致しているので、Drinkクラスのインスタンスメソッドmeでのselfは、❶で作ったオブジェクトと同じであることが分かります。

つまり、クラスのインスタンスメソッド中でのselfは、そのメソッドを呼んだとき（❸、ここではdrink.me）のレシーバ（変数drinkが指すオブジェクト）と同じであることが分かりました。

では、クラスメソッドでのselfはどうでしょうか？ 同じ方法で調べてみましょう。

● self2.rb

```
1: class Drink
2:   def self.me  ──── クラスメソッド
3:     p self.object_id  #=> 70349442028100  ────❷
4:   end
5:
6: end
7: p Drink.object_id  #=> 70349442028100  ────❶
8: Drink.me
```

❶でDrinkクラスのobject_idを表示しています。クラスのインスタンスではなく、クラスそのものです（クラスそのものもClassクラスのオブジェクトでしたね）。❷がselfのobject_idです。2つのobject_idが同じなので、この2つは同じオブジェクトです。

つまり、クラスメソッドでのselfは、そのメソッドを呼んだとき（ここではDrink.me）のレシーバ（ここではDrink）と同じであることが分かりました。

まとめると、次のようになります。

・selfはその場所でメソッドを呼び出すときのレシーバのオブジェクトを返す
・インスタンスメソッドでのselfは、そのクラスのインスタンスになる
・クラスメソッドでのselfは、そのクラスになる

なお、`self`は変数のようにも見えますが、代入ができません。予約語として特別扱いされている単語です。ここまでで出てきた`nil`、`true`、`false`も同様で、予約語であるため変数として代入できません。

クラスメソッドとインスタンスメソッドでのインスタンス変数は別物

クラスメソッド、インスタンスメソッドの両方でインスタンス変数を使うときには注意が必要です。次のプログラムを見てください。

- `class_instance_variable1.rb`

```
 1: class Drink
 2:   def name                 ──── インスタンスメソッドnameを定義
 3:     @name = "カフェラテ"    ──── ❶（インスタンスメソッドの）インスタンス変数@nameへ代入
 4:   end
 5:   def self.name             ──── クラスメソッドnameを定義
 6:     @name                   ──── ❷（クラスメソッドの）インスタンス変数@nameを返す
 7:   end
 8:
 9: end
10: drink = Drink.new           ──── ❸
11: drink.name                  ──── インスタンスメソッドnameを呼び出し
12: p Drink.name #=> nil        ──── ❹ クラスメソッドnameを呼び出すとnil
```

❹でクラスメソッド`name`を呼び出して`@name`を表示すると、❶で代入した`"カフェラテ"`ではなく、`nil`が返ってきました。なぜでしょうか？

インスタンスメソッド中の❶とクラスメソッド中の❷の2カ所で`@name`変数を使っていますが、実はこの2つの変数は同じではありません。インスタンス変数の持ち主は`self`が指すオブジェクトです。前の項で見たように、インスタンスメソッドでの`self`と、クラスメソッドでの`self`は別のオブジェクトでした。なので、❶と❷のインスタンス変数`@name`はそれぞれ持ち主が違う、別のものです。

インスタンスメソッド❶での`@name`は、❸で作られた`Drink`クラスのインスタンスオブジェクトが持つインスタンス変数です。一方、❷での`@name`は`Drink`クラスが持つインスタンス変数です。この2つの変数は持ち主の違う、別のものです。なので、❹で（クラスメソッドの）`@name`を表示すると、まだ一度も代入されていないインスタンス変数`@name`を表示するので、`nil`となります。

クラス変数

ローカル変数、インスタンス変数のほかに、クラス変数という変数もあります。これは、クラスで共有される変数です。クラスが持つインスタンス変数と似ていますが、継承したクラスでも共有する点が異なります。クラス変数は`@@name`のように、変数名を`@`2つで始めます。

11-3 文字列を調べる - 正規表現

文字列の中に指定したルールの文字列が含まれるかどうかを調べたり、ルールに従って文字列を置き換えたりするときには、正規表現と呼ばれる機能を使うことができます。

文字列を含むか判定する

「良いミルクが手に入ったから、"カフェラテ"や"ティーラテ"とか、ラテもののフェアをやろうと思うんだ！」とカフェのオーナーが意気込んでいます。先回りして、商品名の中から"ラテ"を含むものを抽出してみましょう。

文字列の中に"ラテ"など、特定の文字列を含んでいるかどうかを調べるのに便利な道具として正規表現があります。

次のプログラムを見てください。なお、`match?`はRuby 2.4で追加されました。Ruby 2.3では替わりに`=~`を使って`"カフェラテ" =~ /ラテ/`と書いてください。`=~`はマッチすれば何文字目でマッチしたかの位置番号を返し、しなければ`nil`を返します。

- regex1.rb

```ruby
1: p "カフェラテ".match?(/ラテ/) #=> true
2: p "ティーラテ".match?(/ラテ/) #=> true
3: p "モカ".match?(/ラテ/) #=> false
```

文字列の`match?`メソッドを呼び出しています。引数の`/ラテ/`は正規表現(Regexp)オブジェクトと呼びます。`/`(スラッシュ)で囲んで書くと正規表現オブジェクトとなり、これを「パターン」と呼びます。

文字列を`/`で囲んで正規表現オブジェクトをつくり、`match?`メソッドへ渡すと、その文字列を含むかどうか判定することができます。`match?`メソッドが`true`を返したとき（ここでは"ラテ"を含んだとき）は「マッチした」と言います。逆に、`match?`メソッドが`false`を返したとき（ここでは"ラテ"を含まないとき）は「マッチしない」と言います。

`regex1.rb`では、"カフェラテ"や"ティーラテ"は"ラテ"を含むのでマッチし、"モカ"

CHAPTER 11　使いこなす

は"ラテ"を含まないのでマッチしていません。このように正規表現を使うと文字列が条件と合致するかを判定することができます。

実は、正規表現にはこれだけで本が1冊書けるほどの強力な機能が備わっています。その中から、かんたんに使え、使う機会が多いものだけを紹介していきます。

● 正規表現オブジェクト

```
/正規表現パターン/
```

● match?メソッド

```
"文字列".macth?(/正規表現パターン/)
```

文字列が条件と合致するか判定する

"カフェラテ"、"ティーラテ"、"ラテアート"などの文字列を、末尾が"ラテ"である文字列かどうか判定する例を考えます。「末尾が"ラテ"で終わる」パターン（正規表現オブジェクト）を作ってみましょう。なお、Windows環境では、\の替わりに￥を使われることがあります。Visual Studio Codeでは￥キーで\を入力することができます。

● regex2.rb

```
1: p "カフェラテ".match?(/ラテ\z/) #=> true
2: p "ティーラテ".match?(/ラテ\z/) #=> true
3: p "ラテアート".match?(/ラテ\z/) #=> false
```

\zは文字列末尾にマッチするパターンです。/ラテ\z/と書くと、「末尾にラテが存在するか」という意味になり、言い換えれば「末尾がラテで終わるか」となります。

一方で、「先頭が"ラテ"で始まる」パターンは次のようになります。

● regex3.rb

```
1: p "カフェラテ".match?(/\Aラテ/) #=> false
2: p "ティーラテ".match?(/\Aラテ/) #=> false
3: p "ラテアート".match?(/\Aラテ/) #=> true
```

\Aは文字列先頭にマッチするパターンです。/\Aラテ/と書くと、「先頭にラテが存在するか」という意味になり、言い換えれば「先頭がラテで始まるか」となります。文字列先頭を表す\Aは大文字で、文字列末尾を表す\zは小文字なことに気をつけてください。

その他の正規表現

正規表現の中でよく使うものを紹介します。

● [文字群]

[ ] で囲むと、中の文字群のどれか1文字とマッチします。/[abc]/ は a または b または c とマッチします。/[A-Za-z0-9]/ と範囲指定で書くと、アルファベット大文字小文字と数字のいずれか1文字にマッチします。

● .

任意の1文字にマッチします。たとえば /a.c/ は abc や adc などとマッチします。

● *

前の文字が0回以上繰り返すときにマッチします。たとえば /ab*c/ は abc や abbbc や ac にマッチします。

● +

前の文字が1回以上繰り返すときにマッチします。たとえば /a.+c/ は abbbc や abc にマッチします。少なくとも1回以上は繰り返さなければならないので、ac にはマッチしません。

条件と合致するものを抽出する

match? メソッドと if を組み合わせると、正規表現パターンに合致するものとしないもので処理を分岐できます。メニューの配列から、"ラテ" を含むものだけを表示するプログラムを書いてみましょう。

● regex4.rb

```
1: ["カフェラテ", "モカ", "コーヒー"].each do |drink|
2:   puts drink if drink.match?(/ラテ/)    ——— match?メソッドとifで条件判断
3: end
```

```
ruby regex4.rb ⏎
カフェラテ
```

if の条件で match? メソッドを使って、変数 drink が指す文字列と正規表現 /ラテ/ パターンがマッチするかを調べています。文字列の中に "ラテ" があればマッチするので if の条件を満たし、puts メソッドで画面に表示します。ここでの if は、実行したい puts drink の後ろに書く後置 if を使っています。

これを応用すると、正規表現でパターンを作ることで「先頭が○○で始まる」や「ruby または

Rubyを含む」といった複雑な条件での分岐も可能です。

オーナーがやってきて「ラテフェアをやるから、品名にラテを含むメニューだけピックアップしてくれない？」と言っています。そしてあなたは「それならもうこちらに」と先ほどのプログラムの結果を表示したのでした。

条件と合致する文字列を置換する

"カフェラテ"の"カフェ"を"ティー"に置換したいという問題を考えます。gsubメソッドを使うと、文字列の中で条件と合致する部分を置き換えることができます。gsubメソッドは次のように使うことができます。

● gsub1.rb

```
1: p "カフェラテ".gsub("カフェ", "ティー") #=> "ティーラテ"
2: p "ラテラテ".gsub(/\Aラテ/, "カフェ") #=> "カフェラテ"
3: p "ラテラテ".gsub("ラテ", "カフェ") #=> "カフェカフェ"
```

gsubメソッドの1つ目の引数に置換元となる文字列や正規表現を、2つ目に置換先の文字列を書きます。文字列中に複数の該当箇所があるときはすべて置換します。また、破壊的にオブジェクトを変更するgsub!メソッドもあります。

11-4 ブロックの高度な話

timesメソッドやeachメソッドなどでブロックをつかって処理を書いてきました。このブロック、実はとても便利な機能です。ここではブロックの仕組みを少しだけ説明します。

ブロックを渡すメソッド呼び出し

ここで、「配列を繰り返し処理する」ででてきたプログラムをもう一度見てみましょう。

- each1.rb

```
1: drinks = ["コーヒー", "カフェラテ"]
2: drinks.each do |drink|
3:   puts drink
4: end
```

```
ruby each1.rb ⏎
コーヒー
カフェラテ
```

　この繰り返しを行うプログラムは、配列のeachメソッドを呼び出しています。また、あとに続くdoからendがブロックです。

　実は、ブロックはプログラムのかたまりをメソッドへと渡すことができる仕組みです。メソッドへ渡すものといえば引数がありますが、ブロックは引数と似ています。引数はオブジェクトを渡していますが、ブロックは処理のかたまりを渡していると考えてもいいでしょう。

　渡されたブロックは、呼び出したメソッドの処理の中で出番がくると実行されます。eachメソッドでは、ブロック中の変数（ここではdrink）へ配列の要素を1つずつ代入し、ブロック中のプログラム（ここではputs drink）を実行していきます。

　eachメソッドのほかにも、mapメソッドなど、ブロックを受け取るメソッドはいろいろとあります。

　ブロックは1つしか渡すことができません。また、ブロックを受け取るメソッドの中には、ブ

ロックを渡したときと渡さないときのどちらでも動作するものがあります。

渡されたブロックを実行する

ブロックは処理のかたまりを渡せる引数のようなものだと説明しました。では、渡されたブロックをメソッドの中で見てみましょう。まずは、ブロックを渡されたかどうかを`block_given?`メソッドで調べてみます。`block_given?`メソッドは、ブロックを渡されたかどうかを判別するメソッドです。

● block_given.rb

```ruby
1: def foo
2:   p block_given?
3: end
4:
5: foo #=> false
6:
7: foo do
8: end #=> true
```

実は、メソッド定義に何も書き加えることなく、ブロックを渡すメソッド呼び出しをすることができます。メソッドの中で`block_given?`メソッドを実行すると、呼び出し時にブロックが渡されていると`true`、渡していないときは`false`を返します。

では次に、渡したブロックを実行してみましょう。渡したブロックを実行するには`yield`を使います。`yield`を実行すると、渡されたブロックを実行します。例として、サイコロを振るプログラムを書き換えて、ブロックを渡して出る目を操作できるようにしてみます。

● dice.rb

```ruby
 1: def dice
 2:   if block_given?            ブロックが渡されたか?
 3:                              ブロックを渡されたときの処理
 4:     puts "run block"
 5:     yield                    渡されたブロックを実行
 6:   else
 7:                              ブロックを渡されなかったときの処理
 8:     puts "normal dice"
 9:     puts [1, 2, 3, 4, 5, 6].sample
10:   end
11: end
12:
13: #ブロックを渡さないとき
14: dice            1から6までの中の1つをランダムで表示
15:
16: #ブロックを渡すとき
17: dice do
```

```
18:     puts [4, 5, 6].sample ── 4から6までの中の1つをランダムで表示
19:   end
```

```
ruby dice.rb ⏎
normal dice
2
run block      ── 実行するごとに結果が変わります
5
```

このように yield を使うと、メソッドの中で実行する処理を、メソッド呼び出し元にブロックで書くことができます。

渡されたブロックを引数で受け取る

実は、ブロックを引数で受け取って実行することもできます。ブロックを受け取る引数は先頭に & を書きます。変数に代入されたブロックは、call メソッドで実行することができます。call メソッドは、ここではブロックの処理を実行するメソッドです。

● block_call.rb

```
1: def foo(&b)   ── 引数bは先頭に&がついているので、ブロックを受け取って代入される
2:   b.call      ── 渡されたブロックを実行
3: end
4:
5:              ── fooメソッドをブロックを渡して呼び出し
6: foo do
7:   puts "Chunky bacon!!" #=> Chunky Bacon!!
8: end
```

このように、プログラムをまとめたものであるブロックは、変数に代入することができます。このとき、ブロックを Proc というオブジェクトとして扱っています。Proc オブジェクトはブロックの処理をオブジェクト化したものです。プログラムの処理もオブジェクトとして扱うことができます。class メソッドで調べると、渡されたブロックが Proc クラスのオブジェクトであることが分かります。

● block_class.rb

```
1: def foo(&b)
2:   p b.class #=> Proc   ── ブロックのクラスを表示
3: end
4:
5: foo do
6:   "block"
7: end
```

CHAPTER 11　使いこなす

11-5 Mac環境へ最新のRubyをインストールする

Macに初めからインストールされているRubyは、少しバージョンが古いです。本書の執筆時点では、Rubyの最新バージョンは2.5.1ですが、Macには2.3.7がインストールされています。最新のRubyを使いたい場合は、自分でインストールします。MacにRubyをインストールするためには、Homebrewというツールが必要です。

Homebrewをインストールする

　Homebrewはmas OS用のパッケージマネージャです。Homebrewを使うことで、最新版のRubyを含む、プログラミングに必要な様々なツールをかんたんにインストールできます。
　HomebrewのWebサイト（https://brew.sh/index_ja）にアクセスします。

● HomebrewのWebサイト

　「インストール」の下に書かれているスクリプトをコピーし、ターミナルで実行します。

11-5 Mac環境へ最新のRubyをインストールする

```
/usr/bin/ruby -e "$(curl -fsSL https://raw.githubusercontent.com/
Homebrew/install/master/install)" ⏎
```

Press RETURN to continue or any other key to abort と表示されたら、returnキーを押してください。続けて、管理者権限のパスワードを求められるので、Macのログインパスワードを入力してください。

● Homebrewのインストール（1）

インストールの途中で、「Command Line Tools」がダウンロードされます。「Command Line Tools」はApple社が提供する開発ツールです。Homebrewを動かすために使われます。

● Homebrewのインストール（2）

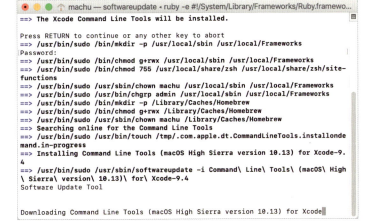

Installation successful!が表示されると、インストール完了です。

● Homebrewのインストール（3）

11 使いこなす

279

Rubyをインストールする

Homebrewを使って最新版のRubyをインストールします。ターミナルで`brew install ruby`を実行すると、自動的にRubyのダウンロードとインストールが行われます。

```
brew install ruby ⏎
==> Installing dependencies for ruby: libyaml
（中略）
==> Downloading https://homebrew.bintray.com/bottles/
ruby-2.5.1.mojave.bottle.tar.gz
######################################################################
## 100.0%
==> Pouring ruby-2.5.1.mojave.bottle.tar.gz
==> Summary
/usr/local/Cellar/ruby/2.5.1: 16,227 files, 27.5MB
==> Caveats
==> ruby
Emacs Lisp files have been installed to:
  /usr/local/share/emacs/site-lisp/ruby
```

最新版のRubyがインストールされたことを確認するには、ターミナルで`ruby -v`を実行します。`ruby 2.5.1p57`は本書執筆時点でのバージョンです。

```
ruby -v ⏎
ruby 2.5.1p57 (2018-03-29 revision 63029) [x86_64-darwin17]
```

Rubyのバージョンを更新する

新しいRubyが公開されたときも、Homebrewを使って更新できます。
まず、`brew update`コマンドで新しいパッケージ情報を取得します。

```
brew update ⏎
Updated 1 tap (homebrew/core)
==> Updated Formulae
ruby ✓
```

次に`brew upgrade ruby`コマンドでRubyを更新します。

```
brew upgrade ruby ⏎
```

おわりに

　Rubyプログラミングの世界はいかがでしたか？　プログラミングには大きな力があります。大きく世界を変えることはかんたんではないですが、ちょっとした幸せや楽しさをプログラミングで作ることは想像よりもずっとかんたんなことです。みなさんが人生の旅の工具箱にRubyをつめて、ときどき取り出してプログラムを書いてもらえたらとても嬉しく思います。

もっと学びたい方へ

　さらに学びたい方へ、著者が読んだ本の中から、お薦めの書籍を挙げます。気が合いそうな本を選んで読んでみてください。

たのしいRuby 第5版（ISBN978-4-7973-8629-5）
　Rubyの知識を幅広く学べる、Ruby入門書。改訂されながら、15年以上にわたり多くの人々に読み継がれている名著です。

かんたんRuby（ISBN978-4-7741-9861-3）
　網羅的なRubyの知識を読みやすく丁寧に説明した入門書です。

改訂2版 パーフェクトRuby（ISBN978-4-7741-8977-2）
　Rubyの知識をより磨き、熟練エンジニアを目指す一冊です。応用的な内容まで丁寧に書かれています。

改訂2版 Ruby逆引きハンドブック（ISBN978-4-86354-244-0）
　解決したい問題からプログラムを引けるレシピ集のような書籍。サンプルコードは短く簡潔で、網羅する範囲も幅広いです。

プロを目指す人のためのRuby入門 言語仕様からテスト駆動開発・デバッグ技法まで（ISBN 978-4-7741-9397-7）
　実際に仕事で使われる知識が書かれた、実践的な一冊。プログラムにおける慣習や、良いプログラムについても説明されています。

Railsの教科書（https://tatsu-zine.com/books/rails-textbook）
　拙著のRails入門書です。こちらもプログラムが初めての方への講義をもとに書いています。Webアプリづくりを通してRailsの基礎を学べます。

わかばちゃんと学ぶ　Git使い方入門（ISBN978-4-86354-217-4）
　プログラムの履歴を管理できるバージョン管理システムGitをマンガと実践で学べる入門書です。Gitは保存したある地点のプログラムを取得したり、差分を見ることができ、プログラム生活でとても便利に使える道具です。

INDEX

索引

記号・数字

!	80, 127
!=	75
"	48
" "	137
#	58
#{ }	55
#記法	205
&	141, 277
&&	88
*	45, 273
+	45, 273
+=	99
-	45
.	51, 187, 273
.記法	205
/	45
: :	205, 229
<	73, 208
<<	206
<=	73
=	53
==	75
=>	61
=>	144, 253
=~	271
=begin	59
=end	59
>	73
>=	73
?	76
@	194
[ ]	103, 147, 273
{ }	97, 145
|	113
||	86
¥A (\A)	272
¥n (\n)	56
¥z (\z)	272

A

ancestors	210
ap	236
ArgumentError	257
ARGV	261
Array クラス	102
attr_accessor	266
attr_reader	197, 267
attr_writer	267
awesome_print	236

B

BasicObject	210
begin	257
Bignum クラス	53, 210
binding.irb	63
block_given?	276
break	115
brew install コマンド	280
brew update コマンド	280
brew upgrade コマンド	280
bundle exec コマンド	241
bundle init コマンド	239
bundle install コマンド	240
bundle update コマンド	241
Bundler	238

C

call	277
case	91
cd コマンド	35, 37
chomp	57

class	178, 277
Class クラス	185, 269
Commend Line Tools	279
cos	229

D

delete	151
dir コマンド	38
do	95, 275
DRY	97

E

each	113, 152, 226, 275
each_key	153
each_value	153
else	83, 93
elsif	84
end	77
ensure	264
Enumerable モジュール	226
Errno::ENOENT	262
even?	76, 179
Exception クラス	262
exit	62
extend	226

F

false	73, 270
File クラス	261
first	107
Fixnum クラス	53, 210
Float クラス	52, 210

G

Gem	236
Gemfile	239

Gemfile.lock	240
gem install コマンド	63, 236
get	244
gets	56, 256
gsub	274
gsub!	274

H

Hash クラス	144
Homebrew	278
HTML	248
HTTP	246
HTTP GET メソッド	248
HTTP POST メソッド	253
HTTPS	247

I

if	72, 77
include	210, 222, 233
initialize	200
inject	121, 157
instance_variables	198
Integer クラス	52, 210
irb	61

J-K

join	136
JSON	251
Kernel	210

L

last	107
length	127
LoadError	69
localhost	247
ls コマンド	38

283

INDEX

M

map	139
match?	271
Mathモジュール	229
merge	150
methods	189
mkdirコマンド	32

N

NameError	68, 257, 262
Net::HTTPクラス	251
new	180
next	116
nil	80, 107, 150, 195, 270
NoMemoryError	263
none?	226
Numeric	210

O

Object	210
object_id	128, 269
open	261

P

p	64, 236
PI	229
pop	110
private	214
Procクラス	277
protected	215
pry	63
public	215
push	109
puts	33, 44
pwdコマンド	38

R

raise	263
Range	117
Regexp	271
require	232, 237, 244
require_relative	232
rescue	257
return	164
reverse	134
RubyInstaller	18
Ruby on Rails	17, 246
rubyコマンド	39
Rubyコミュニティ	17
RuntimeError	264

S

sample	131
self	191, 204, 217, 268
shift	110
shuffle	132
sin	229
Sinatra	243
size	120
sort	133
split	138
StandardErrorクラス	262
Stringクラス	52
sum	121, 156
super	211
Symbol	145
SyntaxError	263
SystemCallError	261

T

times	17, 95
to_f	122

to_i	51, 256
to_json	252
to_s	51
true	73, 270
TypeError	50

U

uniq	124
uniq!	128
unless	80
unshift	109
URIモジュール	251
URL	246

V-Z

Visual Studio Code	24
warning	57
Webアプリ	243
when	92
while	98
yield	276
zero?	210
ZeroDivisionError	68, 257, 262

あ行

値	144
インスタンス	179
インスタンス変数	193, 267
インスタンスメソッド	203, 221, 270
インデント	78
エディター	24
エラーメッセージ	40, 50, 66, 194
オープンソース	17
オブジェクト	44, 52, 178
親クラス	209

か行

改行	56
拡張子	36
掛け算	45
キー	144
キーワード引数	170
キャメルケース	184
空行	59
組み込みライブラリ	124, 236
クラス	52, 178
クラス変数	270
クラスメソッド	203, 217, 226, 228, 270
クラスを定義する	182
繰り返し	95, 113, 152
継承	207, 225
後置if	79, 273
後置unless	80
コードハイライト	24
子クラス	209
コマンドプロンプト	21, 35
コメント	58

さ行

サブクラス	209, 262
式展開	55
小数	47
剰余	47
ショートカットキー	29
シンボル	141, 145, 267
数値	44
スーパークラス	209
スキーム	246
スコープ	173, 194
スネークケース	56
正規表現	271
整数	44

INDEX

■ た行

ターミナル	22
代入	53
足し算	45, 49, 111
ダブルクォーテーション	48
定数	57, 228
デバッグ	64

■ な行

名前空間	229
二重引用符	48

■ は行

配列	102
破壊的変更	128
パス	247
パターン	271
ハッシュ	144, 252
ハッシュロケット	144
比較メソッド	73, 75
引き算	45, 111
引数	161, 190, 275
引数のデフォルト値	168
標準添付ライブラリ	236
ブロック	95, 129, 139, 275
変数	53, 104, 146
ポート番号	247
ホスト名	247

■ ま行

マッチ	271
メソッド	44, 120, 156
メソッドチェイン	122, 134
メソッドを定義する	157, 186
メソッドを呼び出す	107, 187
モジュール	210, 220
文字列	48

■ や行（元に戻す 等）

元に戻す	29
戻り値	120, 159

■ や行

やり直し	29
要素	103
要素数	121
予約語	270

■ ら行

リクエスト	247
リファレンスマニュアル	123, 180, 205
累乗	47
るりまサーチ	130
例外クラス	262
例外処理	256
レシーバ	188, 191, 203, 269
レスポンス	248
ローカル変数	173

■ わ行

割り算	45

■著者紹介

五十嵐邦明（いがらしくにあき）

Railsエンジニア。一橋大学の非常勤講師として2012年から2年間、RubyとRailsを教える。受託開発会社、Webサービス開発会社CTOなどを経て2017年4月よりフリーランス。RubyWorld ConferenceやRubyConf台湾などで講演。島根県Ruby合宿、Rails寺子屋、Rails Girlsなどで講師を行う。

松岡浩平（まつおかこうへい）

Rubyプログラマ。一橋大学の非常勤講師として、2014年にRubyプログラミングを教える。WEB+DB PRESS、日経ソフトウエアなどにプログラミング記事を多数寄稿。Ruby製のWeb日記（ブログ）システムtDiaryのコミッタとして開発に参加。

装丁	●吉村朋子
カバー・本文イラスト	●べこ（べころもち工房）
編集	●矢野俊博

■サポートページ
本書の内容について、弊社Webサイトでサポート情報を公開しています。
https://gihyo.jp/book/2018/978-4-297-10123-7/support

ゼロからわかる
Ruby 超入門
ルビー　ちょうにゅうもん

2018年12月6日　初版　第1刷発行

著　者	五十嵐邦明、松岡浩平
	いがらしくにあき　まつおかこうへい
発行者	片岡　巌
発行所	株式会社技術評論社
	東京都新宿区市谷左内町21-13
	電話　03-3513-6150　販売促進部
	03-3513-6160　書籍編集部
製本／印刷	図書印刷株式会社

定価はカバーに印刷してあります

本書の一部または全部を著作権法の定める範囲を超えて、無断で複写、転載、テープ化、ファイル化することを禁止します。

©2018　五十嵐邦明、松岡浩平、べこ

造本には細心の注意を払っておりますが、万一、乱丁（ページの乱れ）や落丁（ページの抜け）がございましたら、小社販売促進部までお送りください。送料小社負担にてお取り替えいたします。

ISBN978-4-297-10123-7　C3055
Printed in Japan

■お問い合わせについて
ご質問は本書の記載内容に関するものに限定させていただきます。本書の内容と関係のない事項、個別のケースへの対応、プログラムの改造や改良などに関するご質問には一切お答えできません。なお、電話でのご質問は受け付けておりませんので、FAX・書面・弊社Webサイトの質問用フォームのいずれかをご利用ください。ご質問の際には書名・該当ページ・返信先・ご質問内容を明記していただくようお願いします。
ご質問にはできる限り迅速に回答するよう努力しておりますが、内容によっては回答までに日数を要する場合があります。回答の期日や時間を指定しても、ご希望に沿えるとは限りませんので、あらかじめご了承ください。

●問い合わせ先
〒162-0846　東京都新宿区市谷左内町21-13
株式会社技術評論社
「ゼロからわかる　Ruby 超入門」質問係
FAX番号　03-3513-6167

なお、ご質問の際に記載いただいた個人情報は、ご質問の返答以外の目的には使用いたしません。また、返答後は速やかに破棄させていただきます。

解答集

▶この解答は、各章の練習問題の解答です。
▶薄く糊付けしてありますが、本書より取り外して使用することもできます。

CHAPTER 1　練習問題　　P.42

1-1

答え **問1** コマンドプロンプトで`ruby -v`と入力します。`ruby 2.5.1p57 ...`と表示されれば成功です。2.5.1以降の箇所はRubyのバージョンによって異なります。

問2 コマンドプロンプトで`cd rubybook`と入力し、`rubybook`フォルダに移動します。次に`dir`コマンド（Macの場合は`ls`コマンド）を実行し、`hi.rb`ファイルが存在することを確認してください。

問3 エディタで`hi.rb`ファイルを開き、`puts "hi"`を`puts "hello"`に書き換えます。修正後にファイルの保存を忘れないようにしましょう。

CHAPTER 2　練習問題　　P.70

2-1

答え **問1**
```
1: puts 2 + 3
```

問2
```
1: puts 2 * 2 * 3.14
```

2-2

答え **問3**
```
1: puts "Ruby"
```

問4
```
1: puts "abc" + "def"
```

問5
```
1: puts "123".to_i + "456".to_i
```

2-3

答え **問6**
```
1: coffee = 300
2: espresso = 100
3: puts "コーヒー：#{coffee}円"
4: puts "合計：#{coffee + espresso * 2}円"
```

問7
```
1: coffee = 400
2: espresso = 100
3: puts "コーヒー：#{coffee}円"
4: puts "合計：#{coffee + espresso * 2}円"
```

1

2-6

答え 問8

● calc_tax.rb

```
1: total = 300 * 2
2: p total #=> 600
3: tax = total * 0.08
4: puts tax #=> 48.0
```

2-7

答え 問9

```
ruby calc.rb ⏎
Traceback (most recent call last):
calc.rb:2:in `<main>': undefined local variable or method `t' for main:Object (NameError)
```

● calc.rb

```
1: total = 300 * 2
2: puts total
```

CHAPTER 3　練習問題　P.100

3-1

答え 問1

```
1: a = 2
2: p a < 365 #=> true
```

問2

```
1: a = 2
2: p a == 1 + 1 #=> true
```

3-2

答え 問3

```
1: season = "春"
2: if season != "夏"
3:   puts "あんまんたべたい"
4: end
```

問4

```
1: season = "夏"
2: if season == "夏"
3:   puts "かき氷たべたい"
```

```
4:     puts "麦茶のみたい"
5: end
```

3-3

答え 問5

```
1: wallet = 100
2: if wallet >= 120
3:     puts "ジュース買おう"
4: else
5:     puts "お金じゃ買えない幸せがたくさんあるんだ"
6: end
```

3-4

答え 問6

```
1: x = 200
2: if x <= 0 || x >= 100
3:     puts "範囲外です"
4: end
```

問7

```
1: x = 0
2: y = -1
3: z = 1
4: if x > 0 || y > 0 || z > 0
5:     puts "正の数です"
6: end
```

3-5

答え 問8

```
1: season = "春"
2: case season
3: when "春"
4:     puts "アイスを買っていこう!"
5: when "夏"
6:     puts "かき氷買ってこう!"
7: else
8:     puts "あんまん買ってこう!"
9: end
```

変数seasonの値を変えて動かしてみてください。

3-6

答え 問9

```
1: 2.times do
2:   puts "カフェラテ"
3:   2.times do
4:     puts "モカ"
5:   end
6: end
7: puts "フラペチーノ"
```

CHAPTER 4 練習問題　P.118

4-1

答え 問1
```
1: p ["コーヒー", "カフェラテ"]
```

4-2

答え 問2
```
1: drinks = ["コーヒー", "カフェラテ", "モカ"]
```

問3
```
1: drinks = ["コーヒー", "カフェラテ", "モカ"]
2: puts drinks[1] #=> "カフェラテ"
```

問4
```
1: drinks = ["コーヒー", "カフェラテ", "モカ"]
2: puts drinks.first #=> "コーヒー"
3: puts drinks.last #=> "モカ"
```

drinks.firstはdrinks[0]、drinks.lastはdrinks[-1]とも書けます。

4-3

答え 問5
```
1: p ["コーヒー", "カフェラテ"].push("モカ")
```
問6
```
1: p [2, 3].unshift(1)
```
問7
```
1: p [1, 2] + [3, 4]
```

4-4

答え 問8
```
1: drinks = ["ティーラテ", "カフェラテ", "抹茶ラテ"]
2: drinks.each do |drink|
3:   puts drink
4: end
```

問9
```
1: drinks = ["ティーラテ", "カフェラテ", "抹茶ラテ"]
2: drinks.each do |drink|
3:   puts "#{drink}お願いします"
4: end
```

問10
```
1: sum = 0
2: a = [1, 2, 3]
3: a.each do |x|
4:   sum = sum + x
5:   # p sum
6: end
7: puts sum
```

　まず、総和を代入するsumを、繰り返しの前に0を代入して用意しておきます。あとは、sum = sum + xで変数sumに配列の要素xを繰り返し足していくと、全要素の繰り返しが終わったときに総和が得られます。このように、自分自身の変数へ再び代入することができます。また、このsum = sum + xはよく使う書き方なので、sum += xと短く書くこともできます。

　問題文では「eachメソッドを使って」と条件をつけましたが、総和を求める処理はよく使われるので、Ruby 2.4以降ではsumメソッドという便利なメソッドも用意されています。

```
1: a = [1, 2, 3]
2: puts a.sum #=> 6
```

問11
```
1: drinks = []
2: drinks.each do |drink|
3:   puts drink
4: end
```

　何も表示されません。何も表示されずにプログラムが終わるということは、裏を返せばエラーも起こっていません。空配列にeachメソッドで繰り返しを指示すると、「要素が0個なので、0回繰り返し処理する＝何もしない」という結果になっています。繰り返し処理が0回のときもエラーにならずに動いていることが分かります。

CHAPTER 5 練習問題　　P.142

5-1

答え　問1
```
1: puts ["コーヒー", "カフェラテ"].size
```

　　　問2
```
1: puts [1, 2, 3, 4, 5].sum
```

5-2

答え　問3
```
1: p ["モカ", "カフェラテ", "モカ"].uniq #=> ["モカ", "カフェラテ"]
```

問4
```
1: p [1, 2, 3].clear #=> []
```

5-3
答え 問5
```
1: puts ["カフェラテ", "モカ", "カプチーノ"].sample
```
問6
```
1: puts ["大吉", "中吉", "末吉", "凶"].sample
```

5-4
答え 問7
```
1: p [100, 50, 300].sort
```
問8
```
1: p [100, 50, 300].sort.reverse
```
問9
```
1: p "cba".reverse
```

5-5
答え 問10
```
1: p ["100", "50", "300"].join(",")
```
問11
```
1: p "100,50,300".split(",")
```

5-6
答え 問12
```
1: result = [1, 2, 3].map do |x|
2:   x * 3
3: end
4: p result #=> [3, 6, 9]
```

問13
```
1: result = ["abc", "xyz"].map do |x|
2:   x.reverse
3: end
4: p result #=> ["cba", "zyx"]
```

問14
```
1: result = ["aya", "achi", "Tama"].map do |x|
2:   x.downcase
3: end
4: result = result.sort
5: p result #=> ["achi", "aya", "tama"]
```

1行でつなげて書くこともできます。

```
1: p ["aya", "achi", "Tama"].map{|x| x.downcase}.sort
```

CHAPTER 6 練習問題　　　　　　　　　　　　　　　P.154

6-1

答え 問1

```
1: menu = {coffee: 300, caffe_latte: 400}
2: puts menu[:caffe_latte] #=> 400
```

問2

```
1: menu = {"モカ" => "チョコレートシロップとミルク入り", "カフェラテ" => "ミルク入り"}
2: puts menu["モカ"] #=> チョコレートシロップとミルク入り
```

6-2

答え 問3

```
1: menu = {coffee: 300, caffe_latte: 400}
2: menu[:tea] = 300
3: p menu #=> {:coffee=>300, :caffe_latte=>400, :tea=>300}
```

問4

```
1: menu = {coffee: 300, caffe_latte: 400}
2: menu.delete(:coffee)
3: p menu #=> {:caffe_latte=>400}
```

問5

```
1: menu = {coffee: 300, caffe_latte: 400}
2: puts "紅茶はありませんか？" unless menu[:tea]
```

menu[:tea]が存在しないとnilが返るので、nilのときに実行するunlessを使ってputs "紅茶はありませんか？"を実行させます。nilかどうかを判定するにはif menu[:tea].nil?という書き方もできます。

また、ハッシュにはキーが存在するかどうかを調べるhas_key?メソッドもあります。

```
1: menu = {coffee: 300, caffe_latte: 400}
2: puts "紅茶はありませんか？" unless menu.has_key?(:tea)
```

問6

```
1: menu = {coffee: 300, caffe_latte: 400}
2: puts "カフェラテください" if menu[:caffe_latte] <= 500
```

練習問題の範囲では問題ないのですが、もしもmenuにないキーを指定すると次のようなエラーになります。

```
xxx.rb:2:in `<main>': undefined method `<=' for nil:NilClass
  (NoMethodError)
```

　これは、ハッシュから存在しないキーの値を取得したときのnilと500を比較することで発生しています。エラーにならないようにするには、前の問題のhas_key?メソッドを使って「キーがあり、かつ、値が500以下である」という条件にします。&&で2つの条件をつなぐと、最初の条件が不成立のときには後の条件を判定しないので、エラーはでなくなります。

```
1: menu = {coffee: 300, caffe_latte: 400}
2: puts "カフェラテください" if menu.has_key?(:caffe_latte) &&
     menu[:caffe_latte] <= 500
```

問7

```
1: hash = {}
2: hash.default = 0
3: array = "caffelatte".chars
4: array.each do |x|
5:   hash[x] += 1
6: end
7: p hash #=> {"c"=>1, "a"=>2, "f"=>2, "e"=>2, "l"=>1, "t"=>2}
```

　"caffelatte".charsは1文字ずつに区切った配列["c", "a", "f", "f", "e", "l", "a", "t", "t", "e"]になります。これをeachメソッドで全要素で繰り返し、ハッシュのキーとして値（回数）を取得し、1増やします。最後にハッシュを表示すれば1文字ずつの回数が表示されます。

6-3

答え 問8

```
1: menu = {"コーヒー" => 300, "カフェラテ" => 400}
2: menu.each do |key, value|
3:   puts "#{key} - #{value}円"
4: end
```

```
コーヒー - 300円
カフェラテ - 400円
```

問9

```
1: menu = {"コーヒー" => 300, "カフェラテ" => 400}
2: menu.each do |key, value|
3:   puts "#{key} - #{value}円" if value > 350
4: end
```

```
カフェラテ - 400円
```

問10

```
1: menu = {}
2: menu.each do |key, value|
3:   puts "#{key} - #{value}円"
4: end
```

——何も表示されません。

　何も表示されません。何も表示されずにプログラムが終わるということは、裏を返せばエラーも起こっていません。空ハッシュにeachで繰り返しを指示すると、「キーと値の組が0個なので、0回繰り返し処理する＝何もしない」という結果になり、繰り返し処理が0回のときもエラーにならず動いていることが分かります。空配列のときと同じですね。

問11

```
1: menu = {"コーヒー" => 300, "カフェラテ" => 400}
2: keys = []
3: menu.each do |key, value|
4:   keys.push(key)
5: end
6: p keys
```

["コーヒー", "カフェラテ"]

　また、リファレンスマニュアルを調べると、ハッシュにはkeysメソッドというすべてのキーを配列で取得するメソッドが用意されています。これを使うと短く直感的に書くことができます。

```
1: menu = {"コーヒー" => 300, "カフェラテ" => 400}
2: p menu.keys #=> ["コーヒー", "カフェラテ"]
```

CHAPTER 7 練習問題　　P.176

7-1

答え 問1

```
1: def order
2:   puts "カフェラテをください"
3: end
4:
5: order
```

7-2

答え 問2

```
1: def area
2:   3 * 3
```

```
3: end
4:
5: puts area #=> 9
```

問3

```
1: def dice
2:   [1, 2, 3, 4, 5, 6].sample
3: end
4:
5: puts dice #=> 5
```

何回か実行して、結果が毎回変わることを確かめてください。

7-3

答え 問4

```
1: def order(item)
2:   puts "#{item}をください"
3: end
4:
5: order("カフェラテ")
6: order("モカ")
```

問5

```
1: def dice
2:   result = [1, 2, 3, 4, 5, 6].sample
3:   return result unless result == 1
4:   puts "もう1回"
5:   [1, 2, 3, 4, 5, 6].sample
6: end
7:
8: puts dice
```

また、[1, 2, 3, 4, 5, 6].sample の部分は別のメソッドにしておいて、2つのメソッドで構成すると重複がなくせます。

```
 1: def dice_core
 2:   [1, 2, 3, 4, 5, 6].sample
 3: end
 4:
 5: def dice
 6:   result = dice_core
 7:   return result unless result == 1
 8:   puts "もう1回"
 9:   dice_core
10: end
11:
12: puts dice
```

7-4

答え 問6

```
1: def price(item:)
2:   items = { "コーヒー" => 300, "カフェラテ" => 400 }
3:   items[item]
4: end
5:
6: puts price(item: "コーヒー") #=> 300
7: puts price(item: "カフェラテ") #=> 400
```

ほか、caseを使うなど、いろいろな書き方ができます。

```
1:  def price(item:)
2:    case item
3:    when "コーヒー"
4:      300
5:    when "カフェラテ"
6:      400
7:    end
8:  end
9:
10: puts price(item: "コーヒー") #=> 300
11: puts price(item: "カフェラテ") #=> 400
```

問7

```
1: def price(item:, size:)
2:   items = { "コーヒー" => 300, "カフェラテ" => 400 }
3:   sizes = { "ショート" => 0, "トール" => 50, "ベンティ" => 100 }
4:   items[item] + sizes[size]
5: end
6:
7: puts price(item: "コーヒー", size: "トール") #=> 350
```

こちらもcaseを使って書くこともできます。

```
1:  def price(item:, size:)
2:    total = case item
3:      when "コーヒー"
4:        300
5:      when "カフェラテ"
6:        400
7:      end
8:    total += case size
9:      when "ショート"
10:       0
11:     when "トール"
12:       50
```

```
13:      when "ベンティ"
14:        100
15:      end
16: end
17:
18: puts price(item: "コーヒー", size: "トール") #=> 350
```

問8

```
1: def price(item:, size: "ショート")
2:   items = { "コーヒー" => 300, "カフェラテ" => 400 }
3:   sizes = { "ショート" => 0, "トール" => 50, "ベンティ" => 100 }
4:   items[item] + sizes[size]
5: end
6:
7: puts price(item: "コーヒー") #=> 300
8: puts price(item: "コーヒー", size: "トール") #=> 350
```

7-5

答え **問9**

```
1: def order(drink)
2:   puts "#{drink}をください"
3: end
4:
5: drink = "コーヒー"
6: order(drink)
```

CHAPTER 8 練習問題　　P.218

8-1

答え **問1**

```
1: p ({:coffee=>300, :caffe_latte => 400}).class #=> Hash
```

問2

```
1: p Hash.new #=> {}
```

8-2

答え **問3**

```
1: class CaffeLatte
2: end
3: caffe_latte = CaffeLatte.new
4: p caffe_latte.class #=> CaffeLatte
```

8-3

答え 問4

```ruby
1: class Item
2:   def name
3:     "チーズケーキ"
4:   end
5: end
6: 
7: item =  Item.new
8: p item.name #=> "チーズケーキ"
```

8-4

答え 問5

```ruby
 1: class Item
 2:   def name=(text)
 3:     @name = text
 4:   end
 5:   def name
 6:     @name
 7:   end
 8: end
 9: 
10: item = Item.new
11: item.name = "チーズケーキ"
12: puts item.name #=> "チーズケーキ"
```

8-5

答え 問6

```ruby
1: class Item
2:   def initialize
3:     p "商品を扱うオブジェクト"
4:   end
5: end
6: 
7: Item.new #=> "商品を扱うオブジェクト"
```

問7

```ruby
1: class Item
2:   def initialize(name)
3:     @name = name
4:   end
5:   def name
6:     @name
7:   end
8: end
```

```
 9:
10: item1 = Item.new("マフィン")
11: item2 = Item.new("スコーン")
12:
13: puts item1.name #=> マフィン
14: puts item2.name #=> スコーン
```

8-6

答え 問8

```
1: class Drink
2:   def self.todays_special
3:     "ホワイトモカ"
4:   end
5: end
6: puts Drink.todays_special #=> "ホワイトモカ"
```

8-7

答え 問9

```
 1: class Item
 2:   def name
 3:     @name
 4:   end
 5:   def name=(text)
 6:     @name = text
 7:   end
 8: end
 9:
10: class Food < Item
11: end
12:
13: food = Food.new
14: food.name = "チーズケーキ"
15: puts food.name #=> チーズケーキ
```

CHAPTER 9 練習問題 P.234

9-1

答え 問1

```
1: module ChocolateChip
2:   def chocolate_chip
3:     @name += "チョコレートチップ"
4:   end
5: end
```

問2

```ruby
 1: module ChocolateChip
 2:   def chocolate_chip
 3:     @name += "チョコレートチップ"
 4:   end
 5: end
 6:
 7: class Drink
 8:   include ChocolateChip
 9:   def initialize(name)
10:     @name = name
11:   end
12:   def name
13:     @name
14:   end
15: end
16:
17: drink = Drink.new("モカ")
18: drink.chocolate_chip
19: puts drink.name #=> モカチョコレートチップ
```

9-2

答え **問3**

```ruby
1: module EspressoShot
2:   Price = 100
3: end
4: puts EspressoShot::Price #=> 100
```

9-3

答え **問4**

● whipped_cream.rb

```ruby
1: module WhippedCream
2:   def self.info
3:     "トッピング用ホイップクリーム"
4:   end
5: end
```

● main.rb

```ruby
1: require_relative "whipped_cream"
2: puts WhippedCream.info
```

ruby main.rb ⏎
トッピング用ホイップクリーム

CHAPTER 10 練習問題　　P.254

10-2

答え 問1

- **omikuji.rb**

```
1: require "sinatra"
2: get "/omikuji" do
3:   ["大吉", "中吉", "小吉", "凶"].sample
4: end
```

10-3

答え 問2

```
1: require "net/http"
2: require "uri"
3: uri = URI.parse("http://localhost:4567/hi")
4: p Net::HTTP.get(uri) #=> "hi!"
```

問3

```
1: require "net/http"
2: require "uri"
3: require "cgi"
4: uri = URI.parse("http://localhost:4567/drink")
5: p result = Net::HTTP.get(uri) #=> "\xE3\x83\xA2\xE3\x82\xAB"
6: p CGI.unescape(result) #=> "モカ"
```